# 潜意识的力量

[美] 约瑟夫·墨菲◎著

吴忌寒◎译

光明日报出版社

图书在版编目（CIP）数据

潜意识的力量 /（美）墨菲著 ; 吴忌寒译 . -- 北京 :
光明日报出版社 , 2014.8（2023.12重印）
书名原文 : The power of your subconscious mind
ISBN 978-7-5112-6841-9

Ⅰ.①潜… Ⅱ.①墨…②吴… Ⅲ.①下意识—通俗
读物 Ⅳ.① B842.7-49

中国版本图书馆 CIP 数据核字 (2014) 第 160198 号

版权登记号：01-2014-4073

**潜意识的力量**
QIANYISHI DE LILIANG

著　者：〔美〕约瑟夫·墨菲　　　　译　者：吴忌寒
策　划：双螺旋文化
责任编辑：杨　茹　　　　　　　　责任校对：傅泉泽
特约编辑：唐　浒 伍四运　　　　责任印制：曹　诤
封面设计：蒋宏工作室　　　　　　特约技术编辑：张雅琴 黄鲁西
出版发行：光明日报出版社
地　址：北京市西城区永安路106号，100050
电　话：010-63169890（咨询），010-63131930（邮购）
　　　　010-63497501，63370061（团购）
传　真：010-63131930
网　址：http://book.gmw.cn
邮　箱：gmrbcbs@gmw.cn
法律顾问：北京市兰台律师事务所龚柳方律师
印　刷：固安兰星球彩色印刷有限公司
装　订：固安兰星球彩色印刷有限公司
本书如有破损、缺页、装订错误，请与本社联系调换，电话：010-63131930
开　本：145mm×210mm
字　数：160 千字　　　　　　　　印　张：8.25
版　次：2014 年 9 月第 1 版　　　印　次：2023 年 12 月第 13 次印刷
书　号：ISBN 978-7-5112-6841-9
定　价：45.00元

唤起潜意识的力量吧！
你将拥有的是
完善的人格
平静的心灵
持久的幸福
无尽的喜悦
……

# 目 录

引 言
奇迹随时发生，你准备好迎接它了吗 1

第一章
灵魂深处的宝藏 10

第二章
心灵工作的原理 21

第三章
潜意识的神奇效力 39

第四章
古代精神疗法 50

第五章
当代精神疗法 63

第六章
实用精神治疗技巧 74

第七章

持续一生的潜意识功能　91

第八章

怎样能达到目标　100

第九章

如何运用潜意识致富　109

第十章

富足的权利　118

第十一章

潜意识是你成功的搭档　127

第十二章

科学家如何运用潜意识　140

第十三章

潜意识和睡眠奇事　152

第十四章

潜意识与婚姻 163

第十五章

潜意识与幸福 176

第十六章

潜意识与和谐的人际关系 186

第十七章

运用潜意识宽容别人 200

第十八章

运用潜意识消除心理障碍 213

第十九章

运用潜意识消除恐惧心理 226

第二十章

如何在思想上永葆青春 240

# 引　言
## 奇迹随时发生，你准备好迎接它了吗

　　我曾周游世界。在此期间，我多次目睹令人叹为观止的奇迹，发生在形形色色的人身上。我相信，这样的奇迹同样会在你的身上发生，因为它往往就在你触手可及的地方。只要你具备一点点神奇的魔力，就可以让奇迹与自己的命运紧紧相连。而这神奇的魔力就在我们的潜意识中，我们完全可以毫不吝啬地运用它，去实现生命中一切最美好的愿望。这本书的目的正在于帮助人们重塑自身的思考习惯。正所谓思想决定行为，行为决定习惯，习惯决定命运。一个人在他的潜意识里把自己想象成什么样，他就会变成什么样。

## 你知道答案吗

　　为什么有的人快乐，有的人悲伤？为什么有的人愉悦又富有，有的人却痛苦又贫穷？为什么有的人永远摆脱不了恐惧和焦虑的纠缠，而有的人却始终能够对生活满怀信心？为什么有的人能在美丽奢华的家里安然度日，而另外一些人却不得不在拥挤的贫民窟里挣扎一生?

为什么有的人成就卓著,而另外一些人却终生落魄?为什么有的人说起话来叫人心服口服且备受欢迎,而另外一些人却言辞乏味又令人厌恶?为什么有的人在专业领域堪称权威,而另外一些人却终其一生也学不会一技之长?

为什么有的人在罹患"绝症"后还能重获新生,而另外一些人却因为一点小病就一命呜呼?为什么有的人明明善良温和,拥有纯粹的信仰,却得不停地为生活的苦难所折磨?为什么有的人道德败坏而且内心空洞浮浅,却能够享受荣华富贵并长命百岁?为什么有的人能够享受甜蜜的爱情,而另外一些人却只能在孤独抑郁中咀嚼遭人拒绝的痛苦?

现在,你能猜到这些问题的答案了吗?是的,所有的疑问都指向同一个答案:潜意识。

## 本书缘起

我之所以写这本书,是因为我有一种强烈的愿望,想要与人分享上述问题的答案。在书中,我尽量使用浅显易懂的语言进行解释。我相信这些心灵方面的基本原理,是完全可以用简单的语言表达清楚的,那些生僻晦涩的词语纯属多余。

我强烈建议你仔细研究一下这本书,同时不妨把其中的技巧运用到日常生活中去。试着采纳我的建议吧,你会发现,生活被一种好似魔法的奇妙力量所围绕。这力量将会带领你走出困惑、痛苦、抑郁和失败,让你摆脱身心的束缚,发现生活的真谛,从而踏上通往自由、幸福和平静的康庄大道。

如果你身患重病,潜意识的力量同样可以让你恢复健康,获得新生。在学习使用内在力量的过程中,你将冲破生命的牢笼,从而享有无与伦比的尊荣与自由。

## 释放潜意识的魔力

我曾亲身体验过潜意识治愈疾病的神奇故事，我相信这最能说明潜意识那不可思议的力量。多年前，我治愈了自己身上的恶性肿瘤（也就是通常所说的癌症），而我的方法就是发挥潜意识的治愈力量——正是这一终极力量赋予了我们生命，并使之得以延续。

我将在本书中详细地说明我所使用的技巧。我相信，当你听完我的进一步介绍，深入地了解到关于人类潜意识的知识，你就会对发生在我身上的治愈效果深信不疑了。在此，我觉得有必要向一位医生表示感谢，是他告诉我，既然是我们的思想使我们的器官获得了生命，并让我们的心脏跳动昼夜不息，那么思想应该也能治愈它自己创造出来的杰作。就像一位古代预言家说的那样："医生包扎伤口，而灵性治愈它。"

## 科学的祈祷可以为你带来奇迹

这里所说的祈祷，不只限于传统意义上对神灵的祈祷，还包含对某一种思考方式的信赖，甚至可以说是信仰。想要发挥精神的力量，必须建立在对这种力量充分信任的基础上，而且这种信赖不能盲目，必须有的放矢。

何谓有的放矢？就是以科学的方法去祈祷。

科学的祈祷方法，乍一听是个新鲜词，实际上它追求的效果是将潜意识和意识同时指向一个特定的目标，以达成意识和潜意识之间的和谐对话。

## 每个人都在祈祷

你知道怎样祈祷最有效吗？你把祈祷当作日常生活的一部分了吗？你上次祈祷是多久以前的事情了？当紧急、危险、疾病和死亡靠近我们的时候，我们就会自然而然地开始祈祷。

不妨仔细听一下电视新闻，其中相当一部分报道都在向我们传达这样一个信息，那就是：世界各地的人们随时都在祈祷，为生病受苦的儿童祈祷，为世界各族人民的和平祈祷，为困在透水矿井下的矿工祈祷。当那些矿工获救之后，我们得知，当他们在井下等待救援的时候，同样也在祈祷。

虽然每当我们身处困境之时，都会想到借助祈祷的力量，但是为什么你一定要等到危急时刻，才发现自己需要祈祷呢？危急情况下的祈祷，确实常常带来神奇的效果，这不仅给媒体提供了头条，更有力地证明了祈祷的有效性。

因为工作的缘故，我有机会去研究人们祈祷的方法。我亲身体验过祈祷带来的神奇效用，也曾经同其他人有过相当多的交流，他们都曾因祈祷而受益。我发现，最大的困难在于：怎样告诉另外一个人科学祈祷的方法。因为当人们麻烦缠身的时候，常常难以理智地思考和行动。他们被麻烦威慑住了，于是失去了倾听自我和了解自我的能力。所以，他们需要旁人为其提供一种简单而具体的准则。

## 每天都祈祷的人

这本书独一无二的特点就在于它的实用性。你将从书中找到简单而有效的技巧和准则，每一条都可以轻易地付诸实践。我已经把这些技巧和准则带到世界各地，形形色色的人们都曾尝试过我的方法。

你将会知道,为什么你的祈祷常常失败,事情的结果甚至与你的祈祷完全相反。记不清到底有多少次,世界各地的人们都向我提出同样一个问题:"为什么我祈祷了,却没有任何效果?"这本书中,我将为你解答这个常见的问题。然后,我还将告诉你,到底怎样才能塑造自己的潜意识,并使之发挥功效,从而得到你希望得到的幸福快乐。我相信这本书是极有价值的,它将为困境中的你带来巨大的帮助。

## 你信仰什么

一个人进行祈祷,然后就会得到某种结果。那么,这种结果到底是由什么决定的呢?通常人们会认为,意识中相信什么,祈祷的结果就是什么。然而事实恰好相反,决定一个人祈祷结果的,并非是人们意识中相信的图景,而是一个人的潜意识深处的图景。这一定律完全围绕"信仰"二字产生,与此同时,它也是全世界所有宗教的通行法则。所有的宗教家都是按照这一定律,用心灵去影响世界。

尽管不同的教派所主张的宗教教义完全不同,但是他们都能通过祈祷得到他们想要的结果。这是怎么回事呢?答案很简单,原因并非在于那些看似特别的信条、信仰、仪式、法会、礼拜、咒语、祭品或者许愿,原因在于他们对于自己的祈祷完全接受、深信不疑这一点。

生命的法则就是信仰的法则。所谓的信仰,简单地讲就是指你心头所想之事。一个人在脑中所思考、感受和信仰的一切,都会牵动他的思想、身体和周围的环境。明白自己的行动,以及自己为什么要如此行动后,就意味着你学会了让潜意识成为自己所期待的幸福的化身。而那些祈祷的应验,不过是你内心深处愿望的一种实现形式罢了。

## 祈祷就是渴望

每个人都渴望着健康、幸福、安全、内心的平静和真诚地表达自我的能力。但我们当中又有多少人能够享受所有的这些好处呢？最近，一个大学教授告诉我："我知道，只要我能改变自己的精神状态，为感情生活找到新的方向，那么，我的心智水平将会显著提高。对此我深信不疑。但问题是，我不明白到底怎样才能实现这一点。在所有的矛盾和问题面前，我的心来回摇摆，我觉得自己在生活的道路上停滞不前，我感到挫折、失落和压抑。"

这位教授强烈地渴望着身心健康。他需要的正是关于人类心灵运转的知识，凭此就能够实现他的愿望。于是，我建议他去验证一下本书中的心理治疗方法。果不其然，他完美地达成了自己的目标，成为了一个身心健全的人。

## 全人类心灵的永恒法则

潜意识这种魔法般的力量已存在很久了，比你我的出生甚至各个国家的建立都还要早。可以这么说，这一关于内心和生命的真理法则，比任何文化都源远流长。正是基于以上原因，我强烈地建议你在接下来的章节中，仔细了解这种神奇的魔力。它可以重塑你的人生，治愈你心灵和身体上的创伤。有了它，饱受恐惧折磨的心灵终将见到自由的曙光，而你，将从此彻底摆脱贫穷、失败、痛苦、贫乏和挫折。

你所要做的，就是把你的心理和情感，同你想要达到的愿望结合起来。你潜意识中的创造力将自行做出回应。从今天开始，从现在开始，让奇迹降临到你的身上吧！

## 你的潜意识是一个暗房①

潜意识对每个人都非常重要。它就像一个冲洗胶片的暗房，你外在的生活状态，都是从这个地方冲洗出来的。

所以，塑造出今天的你的，并不是你的姓名、着装、父母、邻居或者是你乘坐的小汽车，而是你的信仰。它通过一点一滴的影响，将一幅又一幅的图景叠加在你的生活中，最后，将现实生活中的你塑造成了潜意识中的那个你。从伦理学上讲，潜意识是一个道德中性的角色。它无所谓对错，远离一切善恶是非，你的一切习惯，不管对自己利弊如何，对于它来说都是无可无不可的。起作用的一直都是内在的思想，而不是外在的习惯。我们在不知不觉中把各种负面的思想滴加到潜意识里，日积月累，直到某一天，我们突然发现，这些阴暗的思想已充斥了我们的日常生活，占据了人际关系的每一个角落。事实上，现实生活中的麻烦事都是暗中积累，达到质变以后才爆发出来的，无一例外。

要让你的世界发生改变，你就必须先改变自己的内心，这就是所谓的"诚于中、形于外"。只要你接受我的潜意识理论，你就会觉得，过去潜意识对你造成的那些伤害实在是无足轻重。我们只要仔细一想就会发现，改变生活并非难事。改变一个人内心的图景很困难吗？一点儿也不。有了这样的思想认识就意味着，你已经开始了一段建立积极人生态度的愉悦之旅。

让人惊奇的是，你童年时期建立的所有信仰和行为模式，至今依然存在于你的内心之中，它们不时浮现，并且影响着你的生活。我们每个人都有这一类来自于童年的思想和信仰，它们早已经被

---

① 冲洗胶片的黑暗房间。作者借此比喻潜意识中想象的图景最终会成为生活的现实。

意识忘掉，只能藏身于我们潜意识暗房的某个隐秘的角落里。知道了这一点，也就明白了为什么你需要从现在开始，对自己的潜意识加以照顾和培育了。

比方说，如果你相信坐在电风扇旁边太久会让你得斜颈病，你的潜意识就会让你表现出斜颈的症状。其实这并非由于电风扇的作用，它只不过引起了一种无害的气体分子的高频率震动罢了。之所以会让你感到不舒服，只是由于你这么相信而已。

又比方说，你的办公室里面有同事感冒了，你便开始害怕得感冒。于是，你的恐惧成为了一种可以自我实现的内心活动，也就是说，你所害怕和相信的事情会成为现实。最后你发现，办公室别的同事因为不相信会被传染，所以平安无事，而你却不得不独自在家休息养病。

而另一方面，你认为治愈的力量又来自何处呢？当然也是来自于潜意识的力量。如果你的潜意识暗房里面存在着真理，那么这种真理就会投射到外部世界。你的潜意识力量会接受真理，而你就此拥有了一种能够治愈创口，并使心灵平静的潜意识动力。如同一个苹果经过消化，最终成为你血液的一部分，这些内在的思想也会逐渐融入到你的现实生活中。这一切就和你学会走路、游泳、跳舞或者拉小提琴一样。你一遍又一遍地重复同一思想，不久之后，这种思想就会变成你的第二本能。其实所谓的祈祷，就是让自己去顺应内心更高的行为准则。驱动汽车的其实并不是液体的汽油，只有变成气态，汽油才能在发动机里燃烧。如果想成为一个有能力的人，那么，从现在开始就必须改变自己。首先改变你的内心，然后你的行为和外部世界都会随之改变，成为你所心仪的样子。

除了治愈之外，你的潜意识暗房也是你财富的源泉。我的秘诀就是，只要先让自己的内心富有起来，随后你就会在现实生活中得到同样丰富的财富。

现在，你正在成为心灵法则的一个学生，你应该毫不怀疑地相信，只要能够让财富的理念深深地植入内心，把财富的照片放进潜意识暗房，那么，不管经济形势是繁荣还是萧条，不管股票市场如何上下波动，不管战争和其他社会事件如何层出不穷，你都能够过上富足的生活。你要让你的潜意识相信，金钱会永远按照你的需求流入到你的生活中来。哪怕明天整个国家的财富就顷刻破产了，届时你将一文不值，你也能够坦然面对一切，继续吸引新的财富到你的生活中来。你就是一台永恒的"吸金器"，谁也不能掌控你，除了你自己。

　　你的潜意识暗房中若充满了各种伟大的创新，你就不必担心旧意识会阻碍你前进。从现在开始，在心中默想着真理、喜悦和高贵，你就会发现这些美好的图景逐渐在身边显现。请记住，上苍为我们创造了美好，你要在自己的生活中进行同样的创造。如果你能够从这样的角度展开，那么你的心理就会变得健康、自尊和自信。你就再也不会因为"意想不到"的事件而受到伤害了。

# 第一章　灵魂深处的宝藏

ↄ

潜意识——无穷的力量之源

潜意识——成功的必备武器

怎样培育潜意识力量

——积极正面的态度

是最有效的催化剂

潜意识怎样发挥作用

——思想习惯是关键

　　你可知道，就在你触手可及的地方，有一处宝藏，里面可谓应有尽有。只要你肯睁开心灵的双眼，去发掘灵魂深处的宝藏，便可尽情享用那渴望已久的荣耀、快乐和富足。但是，许多人都被遮蔽了双眼，看不到自身蕴藏的财富。他们万万没有想到，无尽的智慧和关爱其实早已藏于内心。

## 神奇的奥秘

我们都知道,一块磁铁可以吸起 12 倍于自身重量的物体,而一旦磁性消失,同样的铁块却连一根羽毛也吸附不了。同样的道理,这个世界上有两种人:一种人充满磁性,他们对人生满怀信仰,坚信自己生来就是要赢得胜利和辉煌的。而另外一种人则毫无磁性,这样的人我们见得太多了。他们的内心充满了恐惧和怀疑,当机会来临时,他们总是念叨说:"万一失败了怎么办? 亏钱不说,还会落人笑柄。"这种人在生活的道路上不会走得太远,他们害怕前行,所以总是原地踏步。

你想成为一个富有磁性的人吗? 这本书将向你揭示一个神奇的奥秘,只要你能够领悟它,并将之运用在今后的人生当中,很快你就会获得难以胜数的成就。

如果有人问,什么是最神奇的奥秘,你会怎么回答? 黑洞? 星际旅行? 还是原子裂变与核武器? 不,都不是。那么到底什么样的奥秘才堪称"最神奇"呢? 我们又去哪里寻找它呢? 我们怎样才能参透它,从而释放它的无穷能量呢? 答案非常简单:这奥秘其实就在你的潜意识里,那是一种很容易被人们忽略的强大力量。

## 不可思议的力量

只要学会了与潜意识建立联系,并发挥出它的力量,那么地位、财富、健康、欢乐与幸福,将会齐齐出现在你的生命里,你的人生将更为绚丽多彩。

如果一个人心态开放,善于接受新鲜事物,那么不论何时何地,潜意识中的无穷智慧都会提供给他所需的一切知识,不断激发他的思想和创意,最终引领着他走向一个妙不可言的真理世界。

潜意识不但引领着杰出人物做出伟大的发现，或者创造出不朽的艺术杰作，它还能帮我们吸引不可多得的伴侣，完美的生意伙伴以及理想的客户。它还可以指引我们赢得财富，从而获得财务自由，过上随心所欲的生活。

我曾亲眼目睹过这样的奇迹：一位跛脚的先生在发挥了潜意识力量后，居然再次获得健全的身体，并从此开始了生机勃勃的新生活。他的灵魂极为强大，即使有着残疾这一重看似不可逾越的客观障碍，也并不妨碍他自由自在地体验健康和快乐。这股治愈创伤的力量不在别处，就在人们的内心！或许有人曾屡遭打击，心灵早已变得伤痕累累，但只要找到了潜意识的力量，一切都可以康复如初，变得如同新生婴儿一般快乐圆满。它将为平凡的众生打开心灵的枷锁，让他们突破物质和肉体的局限，重获灵魂的自由！

不要犹豫，从现在起就下定决心吧，去创造崭新的人生。它将会像大海一样辽阔，像天空一样宽广，像金矿一样富庶，像帝王一样尊贵。每个人都有权利去发现这份内心世界的宝藏。人们的思想、感受、力量、光明、情爱和美好，都深埋在这片未知的世界。它虽是无形的，却有着实实在在的强大力量。发掘并善用潜意识的力量，可以让人们洞察先机，未雨绸缪，到时所有难题都会迎刃而解。只要发挥出了这种力量，你就会发现自己身处于智慧构筑的成功之中：富有、宁静、祥和而又安定。

这股神奇的力量并不需要你如何费力地去攫取。从我们来到这个世界的第一天起，它就已经属于我们了。不过，现在你必须通过学习才会懂得运用它。而一旦掌握了运用的窍门，它将会在你人生的各个方面发挥出令人难以置信的巨大作用。

现在你要做的，就是跟随本书传授的简明扼要的步骤，去获取运用潜意识力量的方法。读完本书，你的生命里一定会闪现出新的灵光，一种全新的能量将会推动着你，让你怀着诚挚的希望去拼搏，把心底的那些原本遥远的梦想变成最为真切的现实。

## 潜意识力量的基本原理

在任何新的领域里面进行探索和学习，掌握这个领域的基本原理，都是最为关键的一步。只有懂得了潜意识力量的基本原理，才能熟练地运用潜意识的力量。而当你学会运用潜意识力量之后，你就能在生活中进行实践，达成各种各样梦寐以求的目标。

多年以来，我一直跟随一位化学家学习。在这个领域，我学到的第一件事情是，当你把两个氢原子和一个氧原子放在一起的时候，它们就会结合在一起生成一个水分子。请记住，这并不是偶尔发生的现象，而是一直如此。如果把一个碳原子和一个氧原子放在一起，就会生成一个有毒的一氧化碳分子。如果再加入一个氧原子的话，则会生成一个对动植物都无害的二氧化碳分子。这些原理都是永恒不变的普遍真理。只有这样的真理，我们才称之为"原理"。

无论是物理学原理、化学原理还是数学原理，都和潜意识的原理具有同样的性质。如果你想要运用化学或者物理的力量，必须首先学习它们的基本原理；如果你想要运用潜意识的力量，同样也必须首先学习潜意识的基本原理。

古代埃及人很早就懂得"液体表面保持水平"的原理，无论什么时候、无论什么液体都会遵循这条规律。伟大的金字塔之所以能够拥有完美的水平线就仰赖这条原理的运用。时至今日，工程师在设计灌溉系统和大型水电站的过程中依然频繁地使用它。

我这里所说的"原理"，是指事物运转的方式。比方说，电学上一条重要的原理就是：电子倾向于从高势能奔向低势能。无论你用电灯照明还是用电炉取暖，其中的原理都是一样的。正是利用这些自然界的原理，人类才拥有了无数的发明创造，让自身的生存环境发生了质的改变。

潜意识也是一种原理。我们的祈祷就是因潜意识的力量而得以实现，它根据"信仰规律"发生作用。那么，信仰究竟是什么，它为什么会有如此神奇的力量，它又是怎样发生作用的呢？

心灵中的思想和心灵的信仰是一回事情，信仰的规律也就是心灵的规律。也就是说，你要相信你心灵运转的方式，相信信仰本身。你所有的经历、经验、物质条件和个人能力之所以会是今天这个样子，全都是由你的潜意识根据你的思想促成的。请你记住，是信仰本身——而不是你信仰的内容——改变了事情的结果。所以，从今天开始，把错误的观念和恐惧畏缩赶出自己的心灵吧！从现在开始，在潜意识的护佑下，你可以昂首阔步地走向光明的未来。

所有阅读本书的人，只要诚心诚意地把这些潜意识原理运用到生活的各个方面，就意味着你掌握了科学有效的祈祷方法，可以借此为自己和他人谋取福利。你的祈祷通过"作用与反作用"的原理发生作用，思想是第一因，而潜意识将根据思想而改变。如果你的思想中充满平静、喜悦、健康和善良，那么你的实际生活就会同样如此。

不管你对自己的信仰抱持着真诚还是怀疑的态度，你都会得到相应的结果。你的潜意识是根据你的思想发生改变的，而信仰就是你心中所思所想。思想就像一幅蓝图，思想改变了，潜意识同样也会起变化。

## 心灵的二元性

人人都只有一个心灵，但是这一个心灵却由功能和性质完全不同的两个部分组合而成。在不同的人口中，它们有不同的名字，比如"意识"和"潜意识"，"醒意识"和"睡意识"，"主观意识"和"客观意识"，"浅我"和"深我"，"自主意识"和"非自主意识"，"雄性意识"和"雌性意识"等等,不一而足。以上这些说法,不管源自何处,都表明了人们对心灵二元性的认识。而在本书中,我将使用"意识"和"潜意识"两个词语来表示心灵的二元性质。现在,我将带你了解心灵二元性的重要性。

## 意识和潜意识

如果把心灵比作一个花园的话,那么你自己就是这个花园的园丁。你常常自觉不自觉地在潜意识里种下思想的种子,这些"种子"往往来源于你的习惯性思考。由于这个花园是非常肥沃的,所以不论这些种子是鲜花还是毒草,只要你种下去,它们都会开花结果。如果种下了荆棘,就不会收获葡萄;如果种下大蓟,就不会收获无花果。你的每一个念头都会成为"因",而你周遭的一切都是以前原因的"果"。这就解释了为什么掌握自己的思想是如此重要的原因。惟有如此,你才能得到你想要的生存环境。

从现在开始,在你的心灵花园中播种下和平、幸福、善良、理智行事和财务自由等意愿的种子吧。让你的思想平静下来,让自己确信这些愿景,毫无保留地把它们同自己的理智融合在一起。如果你持续不断地把这些种子种在自己心灵的花园里,那么你将等到一个辉煌的收获季节。

如果你的心灵能够正确地思考,并且不断地把和谐而富有建设性的想法注入你的潜意识,那么,你的潜意识力量就会在一片平和中发生作用,为你带来和谐而令人满意的生存环境。只要你开始控制你的思维流程,你就能够有意识地运用潜意识的无限潜能,解决你遇到的任何麻烦。

不管你住在什么地方,不管你是什么团体的一员,看看周围,你就会发现:绝大多数人都生活在"匮乏"的状态之中,只有极少数智慧的人才生活在"富足"的状态之中。接下来,你就会和那些少数人一样,步入"富足"的世界,只要你懂得了意识和潜意识交互作用的原理,就可以重塑人生。如果你想要改变外在的物质条件,就要改变决定这些物质条件的根本原因。有的人仅仅希望改变外在环境,想以此来达到自己的目的,但最后他们都发现,这不过是在无谓地浪费时间和精力。他们的问题在于:没有看到隐藏在表象背后的因果链条。如果你想让诸如不和谐、迷惑、贫乏和限制等负面因素从生活中消失,首先就要消灭这些烦恼的根源,而根源就是你的思维方式和你灌注到潜意识中的思想。这其实是我们众所周知的道理:"种瓜得瓜、种豆得豆"。

潜意识对于意识的改变是非常敏感的。意识为潜意识划好沟渠,而无尽的智慧和能量都在这些沟渠中流动。如果你能够重新规划这些沟渠,就能够引导潜意识力量流向你希望的方向,从而给你带来更多的好处。

本书将清晰而具体地阐述运用心灵的法则。只要学会运用这些技巧,贫者将成为富翁,迷信无知之辈将变得智慧理性,躁动不安的心灵将变得静如止水,成功将取代失败,喜悦将代替悲伤,光明将驱走黑暗,和谐将扫除混乱,自信将战胜恐惧。试问还会有比这更美好的人生吗?

绝大多数的伟大科学家、艺术家、诗人、作家和投资者都对意识和潜意识的相互作用原理有着深刻的了解,而这也正是他们共同的成功之道。

卡鲁索(Enrico Caruso)是录音技术发明以来,第一位灌录商业性唱片的声乐家。他曾一度被舞台恐惧症所困扰。一站上舞台,就喉头痉挛,声带瘫痪,根本无法发出声音。有一次,离演出开始只有几分钟了,幕布后面成千上万的观众正热切地等待着,他却站在后台,紧张得浑身上下直冒冷汗。

他颤抖着说:"我唱不出来,观众肯定会嘲笑我。我的艺术生涯就到此为止了。"正当他无奈地返回到更衣室的时候,突然内心灵光一闪："我心头的那个'小我'想要掐死'大我'！"他走出更衣室，在后台大吼道："滚出去吧，'小我'！我的'大我'现在要唱歌了！"一刹那间，他的身材似乎都变得高大起来。

在这里，卡鲁索所说的"大我"指的就是潜意识无穷的力量和智慧。他大声嚷道："滚出去！我的'大我'要开始放声歌唱了！"这时，他的潜意识开始释放出生机勃勃的能量。舞台幕布拉开了，现场指挥发出信号，卡鲁索昂首阔步奔向舞台，优美而庄严地演唱起来。最后，观众们都无比陶醉地离开了演唱会的现场。

如果用我们刚刚学到的知识来分析卡鲁索的经历，就能发现他无疑知道意识具有两个层次，一个是理智充分知觉得到的意识层次，而另一个则是理性不能直接感知到的潜意识层次。而潜意识的反应是非常敏捷的，当一个人的意识层次（即卡鲁索所说的"小我"）充满了恐惧、担心和焦虑时，潜意识（即"大我"）中的负面力量就被释放了出来，导致意识层面进一步被恐慌、不祥的预感和绝望包围。如果这些现象在你身上发生，你完全可以参照卡鲁索的经验，用一种绝对正面的语言，带着严肃和不可侵犯的权威，同你的潜意识展开对话。你可以说："安静吧，平静吧。一切都在掌握之中，你必须听从我的命令，依我的号令行事。没有我的命令，你不可轻举妄动。"你一定会惊喜地发现，当你用一种权威的肯定口气同自己讲话时，潜意识将会受到多么深刻的触动。你的心灵将在一瞬间充满和谐与平静。潜意识是听命于意识的，我们也称其为"主观意识"，因为它不反映外在的客观世界，而只与我们内在的主观世界保持联系。

如果说我们的心灵是一艘船，那么意识就是在站在舵盘旁边引路的领航员，他的命令通过话筒传递到动力舱，船员们就开始操作蒸汽机、位置计量器等一系列复杂的设备。其实动力舱内的船工并不清楚自己将要前往什么地方，他们只是接受命令并忠实地执行罢了。如果领航员发出错误的指令，他们也一样会听从，并让船撞向冰山或者暗礁。所以，领航员必须为船的前进方向负责。

领航员决定了船的前进方向，同样你的意识也决定了你心灵之船的前进方向。潜意识接受来自你的意识的命令，然后开足马力向你指引的方向前进。他们让你相信和期望的愿景化为现实，却从来不过问这些愿景究竟是好是坏。

如果你一再对自己说"我负担不起这笔开支"，那么你的潜意识就会接受你的命令。它开始让你朝着一个收入更少的方向前进，你的收入就会受到影响。如果你说"我买不起车，也没钱旅行，更没钱买房子"，那么，你的潜意识就开始遵循你的命令，你就会真的体验到缺乏上述物品的人生，而你却误以为这是外界条件造成的。你也许从来都不知道，这些竟然都是你自己内心中的负面想法造成的吧！

南加州大学有一位名叫尼娜的女大学生，圣诞之夜，她正要启程前往水牛城和家人一起过节。她路过贝弗利山脚下的一个奢侈品商店，对其中一款西班牙的皮革挎包心动不已，眼神中流露出无比的向往。可是一看价格标签，她不得不大喘一口气，劝说自己："这么昂贵的皮包，我可买不起。"不过她马上就想起了在我课堂上学到的有关知识，于是重新告诉自己："千万不能让负面的想法变成现实，一定要开始正面的想法，让奇迹在你的生命中发生。"

尼娜看着橱窗后面的商品，开始对自己说："那个包是属于我的，我在精神上接受了它，我的潜意识已经看到了我获得它的那一幕。"

为了送尼娜前往水牛城，当天晚上，她的未婚夫请她到餐厅共进晚餐。席间，未婚夫拿出了一个包装精美的礼物。尼娜屏住呼吸，开始拆掉礼物的包装。多么神奇啊，礼物竟然和那个让人心动的皮包一模一样！她让自己的内心充满了对这款皮包的期待，并让这个想法深入到潜意识之中，接下来的事情就是潜意识令人惊奇的成就力在发生作用了。

尼娜后来告诉我说："其实我当时并没有钱买那款皮包，可是现在这包却的确属于我了。我现在已经知道应该怎样去寻找财富了：一切财富其实早就藏在我的内心，我现在只需要把它们挖出来就好。"

## 一个潜意识做出反应的案例

一位叫做露丝的女士听完我的演讲之后，给我写了一封信。在信中，她说道：

我是个75岁的寡妇，有一大群早已成家的孩子。我孤零零地生活着，靠着微薄的养老金和社会救济度日。我的人生走到了尽头，它是如此的无聊和令人绝望。有一天，我听到了你关于潜意识力量的演讲，其中你告诉我们，可以通过重复念诵、信仰和期待，把我们的一些想法注入到潜意识之中。我就觉得不如试试吧，反正就算没用，也不会带给我什么损失。

露丝很快就发现了自己内心世界所蕴藏的巨大能量。她的心把口中祈祷当做了一种最虔诚的信仰，信仰使得祈祷带着肯定的力量渗入到潜意识之中，潜意识的力量开始影响现实，让祈祷的事情逐渐显现。她内心圆满的智慧使她有如神助，最后她得到了一位新的丈夫！

**要点回顾：**

1. 在内心寻找，你会发现无穷的财富。

2. 古往今来所有的伟人都明白释放潜意识力量的秘密，现在你也可以和他们一样。

3. 潜意识是全知全能的。如果你晚上睡觉前告诉你的潜意识："我要早上六点钟就起床"，你一定能够在六点钟准时醒来。

4. 你的潜意识是你身体的建造者和治愈者。如果每天晚上睡觉以前都让你的内心充盈着健康的意识，那么你的潜意识就会为你的健康服务。

5. 想要知道现在的你为何如此，只需要到潜意识里去寻找原因。而现在的潜意识，也将决定明天的你过什么样的生活。

6. 如果你想要写作或者发表演说，那么告诉自己的潜意识你想要达到什么样的效果，而潜意识就会向你的意识传递答案。

7. 你就像一艘船上的领航员一样，必须发出正确的指令，否则你将面临沉船的悲剧。从现在起，给你的潜意识下达正确的指令吧！

8. 心灵的思想就是心灵的信仰，而信仰的规律就是心灵的规律。勿信有害的念头，信仰那些启发性灵的祈祷。

9. 命运因思想而变。

# 第二章　心灵工作的原理

潜意识信仰的一切最终都会实现。

相信好运和神迹吧,这将改变你的一生。

最宝贵的财富不在别处,就在陪伴我们一生的心灵之中。如果你学会了使用它无所不能的神奇力量,你的人生将会与众不同。正如第一章所说,你的心灵有两个层次:理性的意识层次和非理性的潜意识层次。你的思考停留在意识层次,但是所有的习惯性思考都会沉淀到潜意识之中,随后潜意识就会开始起作用,让其成为现实。潜意识塑造现实的力量极其强大,如果你认为你是好人,你就会是好人;如果你认为你是邪神,你就会是邪神。

你一定要记住:只要潜意识接受了一个观念,它就立刻开始将其转变为现实!问题的关键在于,无论这个观念是好是坏,潜意识都会不加选择地接收并同样有力地开始执行。如果这条定律在负面的方向发挥作用,那么它就会带来失败、屈辱和痛苦;如果这条定律往正面的方向发挥作用,那么它就能带来健康、成功和富有。

只要你在心中切实地感受到了健康的心灵和身体,那么你就一定能够在现实中体验到这份美好。因为你内心当中请求的事情都会化为现实,所以你如果想要健康、宁静和富有,那么尽快开始祈祷和相信吧!你的心灵就是下达命令的将军,而现实只不过是听命于你心灵的士兵罢了。

人类的心灵有一条规律:意识决定潜意识。心理学家和精神专家指出,当意识转化为潜意识时,会在大脑皮层留下生理印记。一旦你的潜意识接受了某种观念,它就会立刻开始实践这种观念。它召唤无穷的生命潜力和圆满智慧,运用你过去生命中学习到的全部知识和信息去实现目标。有时你会突然发现所有的困难都有了解决方案,有时则会等上一两天,不过它肯定是从不食言的。

## 潜意识和意识的区别

潜意识和意识是一个半球的两面,而不是各自独立的实体。意识做出的是理性选择,比方说你选择读什么书,住什么地方,还有和什么样的人一起共度一生等等。另外一方面,你的潜意识则在意识毫不知情的情况下,自发地催动着你的呼吸系统和生命循环系统。

像土地接受农民撒下的种子一样,潜意识总是无条件地接受着一切加诸意识层面的观念。千万记住,潜意识永远都不会知道什么是好什么是坏,它就像一个忠实的仆人,执行意识给它的命令。那些负面和破坏性的想法也隐藏在潜意识里面,而它们迟早会转化为现实,从而改变人生。

## 心理学家的试验

心理学家通过催眠术做了大量的试验,试验结果表明:潜意识不会做出有意识的选择和对比，而只是无条件地接受意识给予的建议。而一旦接受了意识层面的观念，它就立刻开始将其向现实转化。

为了向你展示潜意识是怎样工作的，我们来看看催眠试验的实际情形吧！一旦被催眠者进入了催眠状态，经过专业训练的催眠师就可以随意对被催眠者施加暗示了。这时，被催眠者无论被暗示成狗、猫或者拿破仑，他们都会惟妙惟肖地开始展现相应的行为特征。看吧，他们相信了催眠师施加的暗示，他们的人格在短时间里发生了多么巨大的改变！

富有经验的催眠师常常在催眠状态下暗示被催眠的人，他的鼻子出血了或者后背发痒，甚至告诉他们不能动弹或者体温急剧下降，他们的身体都会开始毫无来由地、实实在在地表现出上述症状！

这些简单的案例清楚地展示了潜意识的特别之处。潜意识不具有独立人格，遇事不加选择，只会忠实地服从意识的指令。所以，控制自己的意识，谨慎地选择意识层面的想法和观念，就显得格外重要了。记住，一定要让自己的灵魂与快乐为伴，让内心充满了祝福、治愈和富有启示的力量。

## 区别"主观意识"和"客观意识"

意识常常被称之为"客观意识"，因为它主要针对客观对象进行思考，对客观世界保持知觉。客观意识通过人类的五种感觉器官来观察世界，并指导人类在周围环境中行动自如。在日积月累的观察、体验和教育中，人类都是通过五种感官才获得了现有的知识。而意识最为宝贵的作用就是进行理性思考。

每年都有几十万人到美国的大峡谷地区旅游，如果你也曾经去过那里，你一定会觉得，这是全世界最为壮丽的景色之一。你之所以会做出这个结论，是基于你观察到的那无与伦比的峡谷深度，瑰丽多姿的岩石造型和变换无穷的地形地貌。以上的这些思绪都是客观意识的实例。

而潜意识常常被称之为"主观意识"。主观意识同样时时对环境保持警醒，但是却与五种感官无关。主观意识具有一种超乎寻常的知觉力和洞察力，无论事情发生在什么地方，它都洞若观火。主观意识可以体会别人内心的想法，不用拆开信封就能看到里面的文字，不用开机就能读取电脑磁盘上的信息，它甚至可以离开你的身体，从遥远的地方带回有用的信息！

只要理解了主观意识和客观意识的相互作用，我们就能够更好地学习祈祷的艺术。

## 潜意识不能进行意识层面的推理

潜意识不能进行推理，也从不对你告诉它的事情进行分辨。哪怕你提供了错误的信息，它也当做事实一样接受。不仅如此，它还会发挥影响，让现实和这"真理"变得一致，直到它真的成为事实。

你所遭遇的每件事情，都是你曾在内心中设想并将之印记到潜意识上的结果。如果你的意识和潜意识进行了错误歪曲的交流，那么就得赶紧纠正这些想法。有效的方法就是反复地念想那些和谐的具有建设性的观念。这些观念经过反复出现，将会成为你潜意识的一部分，从此你就能拥有全新的、健康的行为习惯。

你是否曾经陷入恐惧、担忧和其他破坏性的思绪之中？我的建议是，认识到潜意识的力量，开始祈祷自由、幸福和健康吧。潜意识将发挥塑造世界的神力，带给你梦寐以求的自由和幸福。

## 暗示的力量

从以上的讨论中我们不难看出,意识就像是一个看门人,它能够防止潜意识被错误的观念污染。这一点是非常重要的,因为潜意识对于暗示非常敏感,它从来不做任何推理或比较这类理性的认知活动,而是把这些理智的活动交给了意识。一旦意识认同了某种观念,潜意识就会毫不犹豫地接受。

所以,暗示是一种非常强大的力量。想象你此时正站在一艘船的甲板上,海浪轻轻起伏,你感到有些轻微的摇晃。这时你对一位看上去有些害羞的女乘客说:"天啊!你一定很不舒服吧!你的脸已经发绿了!你是不是有点晕船?要不要我扶你到船舱里去?"这位乘客的脸马上就会变得毫无血色,你的暗示同她自身的恐惧和不安产生了共鸣,这一切已经足以让她相信自己有些晕船了,于是她同意你扶她回到船舱。就这样,你的口头暗示变成了现实。

## 对暗示的不同反应类型

不同的人对同样的暗示有不同的反应,这是因为他们的潜意识状态不同。比方说,你如果不是选择了一位害羞的女士进行上述实验,而是选择了对一位老船员说:"嗨,老兄!你看上去有点不舒服吧!是不是晕船了?"听到这话,对方即使不嘲笑你,也会礼貌地告诉你弄错了。这种暗示对于老船员来说是没有效果的,因为他的潜意识已经坚定地对晕船产生了免疫。所以,当你说这话的时候,他非但没有受到你的影响变得虚弱,反而变得倍加自信起来。

就字面意义而言,"暗示"指的是把某种观念灌输到内心的行为或者举止。暗示一定得借助于某种心理过程,所以暗示绝对不可能超越意识的力量。换句话说,意识完全有能力拒绝暗示的干扰。船员对于晕船无所畏惧,因为他早就确信自己对晕船的免疫力,所以你的暗示完全不能唤醒船员的恐惧之心。但是其他的乘客却早就暗自担心晕船,所以只要你一说出口,他们就相信了。

我们每个人的内心中都有某种特别的恐惧、信仰或者观念。这些内心预定的规则统治了我们的生活。所以,自我暗示要发挥作用,首先得获得你自己的承认。当你的内心真正接受了暗示所传递的观念,自我暗示才会发挥作用。

## 他为什么没有了手臂

许多年以来,我一直都在伦敦的卡克斯顿大厅(Caxton Hall)定期举办名为"伦敦真理论坛"的讲座。活动主管伊芙琳·弗里特博士跟我说过一位经常参加论坛的父亲的故事。他的女儿被严重的风湿性关节炎和牛皮癣折磨,容貌也完全毁了。他们尝试了各种治疗手段,但是全都难以奏效。这位父亲几近绝望,他曾无数次对自己和周围的朋友说:"如果我女儿的病能够治好,哪怕没了右手我都愿意。"

弗里特博士告诉我,这家人有一天驱车外出,结果轿车迎头撞上了另外的车辆。这位父亲的右手从肩膀处折断了,当他从医院出来时,发现他女儿的关节炎和皮肤病竟然全都消失了。

所以,你一定要特别注意,你只可以把和谐、祝福、鼓舞和启发性的观念灌输到潜意识之中。千万记住,你的潜意识可不懂"开玩笑"是怎么回事儿,它只按照你观念的表面含义行事。

## 用自我暗示驱赶恐惧

所谓"自我暗示",是指意识把某种确定和具体的观念输送给自己的过程。自我暗示是一把双刃剑，如果使用不当就会对自己造成伤害，但是只要你应用恰当，许多问题都会迎刃而解。

珍尼特是一位非常年轻的天才歌唱家，她被唱片公司邀请出演一出歌剧。她非常看重这次机会，但是心中却一直惴惴不安。此前，她一共有三次在导演面前试唱失败的痛苦经历。每次失败都加重了她内心的恐惧，使得她在下一次试唱时背负更大的压力。珍妮特的嗓音棒极了，可是她每次都对自己说："轮到我试唱时，我总是唱得一塌糊涂。我始终不能入戏，导演一点也不喜欢我。他们一定在想，这种破嗓子也好意思丢人现眼。我只好灰溜溜地独自回家。"

她的潜意识接受了这种消极的自我暗示，并把它当作命令一样地去执行。潜意识调控她的身体，让她在演唱时不知不觉地就把这种观念变成了现实。她的恐惧化成糟糕的表演情绪，主观设想变成了现实。

这位年轻的歌唱家最后终于克服了消极自我暗示带来的影响，她的方法就是：用积极的自我暗示来对抗消极的自我暗示。她每天三次把自己关在一间安静的小屋里，小屋的中央有一把非常舒服的椅子。她坐在上面，放松身体，闭上眼睛，身体和心灵都在这一刻归于平静。因为生理上的低兴奋水平可以让心灵更容易接受自我暗示。她对自己说道："我的歌声优美而动听，我的仪态优雅而自信，我的心智机智又冷静。"她说这番话的时候，语速非常慢，语气也十分柔和，这样一共说上 5～10 次。

在正式去试唱前的一个星期时间里，她每天进行三次这样的自我暗示：两次是在白天，一次是在晚上入睡之前。不知不觉的，她就变得沉着而自信起来。关键的试唱中，她在导演面前展现了婉转动听的歌喉，并最终赢得了歌剧中的这个角色。

如果你的内心也有负面的自我暗示，那么立即开始制定一个纠正它的计划。

绝不要对自己说"我不行"。当你恐惧的时候,你应该对自己说:"运用我潜意识的力量,我能够达成一切目标。"

## 找回失去的记忆力

有一位75岁的老太太,她对自己的记性感到非常骄傲。不过在很早以前,她也和许多人一样,丢三落四。随着年龄的增长,她的问题越发严重,自己也禁不住担心起来。每次丢了东西,她都忍不住想是不是因为自己老了,记忆也开始衰退了。如此消极的自我暗示怎能不发挥消极作用呢?越来越多的名字和事情开始从她的记忆里溜走,她的记性越来越糟糕,最后几乎到了转身就忘的程度。她感到十分绝望,不过在听了我的课程之后,她终于明白消极的自我暗示是怎样伤害她的了。

她决心扭转这一局面。每当她忍不住想要说"我的记性越来越差"的时候,她就强迫自己停下来,坚决不去产生这样的念头。她每天都要进行数次积极自我暗示的练习。她是这样对自己说的:

从现在开始,我的记忆力开始逐步恢复。无论什么时间什么地点,无论我想要记住什么事情,我全都能记得一清二楚。我的这一信念明白无误,我将会把它当做事实加以接受。无论我想要回忆什么事情,这些事情都会立刻清楚地呈现在我的脑海里。我的记忆力正在飞速提高,用不了多久,我的记忆力就会变得比年轻的时候都还要好。

一周之后,她的记忆力就恢复了正常。

## 怎样克服坏脾气

有一位叫做休德的男士曾向我求助，他的事业和家庭双双出现了问题，而一切问题全都出在他那暴躁易怒的坏脾气上。他自己非常在意这件事情，也知道这样不好，可是如果别人就这一点批评他，他却暴跳如雷。他对我说，周围的人似乎都在和他作对，他只有这样才能保住尊严。

为了帮助他战胜消极自我暗示，我建议他开始积极的自我暗示。每天的早上、中午和晚上睡觉前对自己重复如下这段话：

从今天开始，我将增加我的幽默感。快乐、幸福和祥和将成为我生命中的常态，而我将变得越来越善解人意，讨人喜欢。我将成为人们生活中快乐和善意的中心，我美好的理念将给每个人都带去幸福。从今天开始，这种祥和、欢乐和美好的情绪将成为我的常态，我的内心对此永怀感激之情。

一个月之后，他的太太和同事都说他变了，变得更加随和，让人觉得容易相处起来。

## 外源暗示

外源暗示是指别人给予自己的暗示。从古至今，在世界各地，外源暗示都起着非常重要的作用。政治教条、信仰和文化习俗都通过外源暗示发挥作用。

暗示是一种维持纪律和进行控制的工具，而这种工具既可以用于控制自己，也可以用于控制他人。如果这种工具使用恰当，那么它将妙不可言；如果使用不当，它的破坏力也不可小觑。历史上各种苦难、失败、痛苦、疾患和灾难都来自于外源暗示。

## 常见的消极暗示

几乎从我们呱呱坠地的那一天起,各种消极的暗示就开始一股脑地向我们涌来。由于不知道该如何应付这些消极的暗示,我们只好接受它们的影响。

以下就是一些常见的消极暗示:

- 你办不到的。
- 你这个没有出息的家伙。
- 你不能这样做!
- 你这个失败者。
- 这怎么可能呢?
- 你错了。
- 没用的。
- 关键不在于你的能力有多强,而在于你的关系有多硬。
- 经济形势真是糟透了。
- 有什么意义呢? 反正也没人在乎。
- 这么努力干吗?
- 你已经老了。
- 事情越来越糟糕了。
- 生活的磨难真是无穷无尽啊!
- 你输定了。
- 当心,别让自己生病了。
- 人心隔肚皮,千万不要相信任何人。

如果你相信了上述这些外源暗示的话,你的生活就一定会变得如此。当你还是个小孩的时候，你的长辈这样教导你，那个时候你当然别无选择，只好接受它们。在这样的观念下长大，你的意识和潜意识都处在多么可悲的状态之中啊！

不过你现在已经是个成年人了，你已经有能力自己做出选择。你完全可以运用建设性的积极自我暗示，重塑过去形成的人生观。你需要做的第一件事情就是让自己明白，外源暗示在自己身上产生了多么重大的影响。如果你不能清醒地认识到这一点，那么它们将继续影响你的行为，制造失败和痛苦。而建设性的积极自我暗示则能够帮助你从他人强加的负面阴影中走出来，重新形成良好的习惯，克服困难，甚至创造奇迹。

## 抵制消极暗示

随便拿起一张报纸或者转到某个频道，你都会发现无数消极的报道，这些报道不断在你心中播下焦虑的种子，叫你寝食难安，如临大敌。你的内心一旦接受了这些信息，就会觉得生活索然无味，充满悲观和绝望。但是一旦你有效地抵制了这些信息，你就会惊喜地发现，生活向你敞开了通往康庄大道的大门。你完全可以依靠自己内心的力量来把这些有害念头拒之门外，而你需要做的，不过是给自己一些积极的自我暗示而已。

要经常反思一下，他人都给了你哪些消极暗示，你是不是很容易就被这些消极的外源暗示影响到。我们每个人从小到大都或多或少地遭遇过这种情况。你好好想一下的话，很容易就会回想起，你的父母、朋友、亲人和同事都曾给过你很多消极暗示。好好研究研究他们都对你说了些什么，以及这些话语到底暗示了什么，你会发现，他们对你发表的那些所谓言论不过是一种宣传，其目的是为了吓到你，然后才能控制你。

这类来自他人的暗示每时每刻都在发生，无论是在家里，还是在办公室、工厂或者俱乐部……你会发现，人们总是自觉或者不自觉地给出许多这类暗示，而这些暗示的目的，归根结底都是一样的，就像上面提到的那样，都是为了让你按他们的希望去思考，去感受，去行动——即使那说不定对你有害。

## 暗示如何杀死人

我的一个远亲曾到印度去找过一个有名的水晶球占卜师，他想要算算未来。这个女占卜师告诉他说他有心脏病，并且预言他下个月初会死。

我的亲戚吃了一惊。他打电话给家里每个人，告诉他们这个预言。他去找律师准备遗嘱和料理后事。我试图劝他不要相信这个说法，他却反复跟我强调那个占卜师铁口直断，高深莫测，她要你活你绝对死不了，她要你死你就休想活得成。可以看出他对此深信不疑，而他的恐惧也溢于言表。

随着预言中的第二个月渐渐临近，他越来越害怕。前一个月还是个活蹦乱跳的正常人，现在却成了个病号。所谓的"大限"那天，他果然发生了致命性的心脏病。他死了，但却不知道自己到底为什么会死。

我们当中有多少人听到过类似的故事？又有多少人在听到这些故事后，会为操纵这个世界的神秘力量而瑟瑟发抖？是的，这个世界充满了力量，但是这些力量既不神秘也并非不可控制。我的亲戚自己允许了一个强大的消极暗示进入潜意识，是他自己杀死了自己。他相信水晶球占卜师的力量，所以他对她的预言深信不疑，全盘接受。

让我们再来回顾一下这个故事，来了解一下我们是怎样让潜意识发生作用的。不管意识和大脑相信的是对是错，潜意识都会接受并且遵照执行。当我的亲戚去见女占卜师的时候，他正处在一种极易受暗示影响的状态中。她给了他一个消极暗示,他就立马完全接受了。他恐惧不已,不断地想到即将到来的死亡。他把这事告诉了每一个人,并且开始准备后事。置他于死地的,是他自己对死亡的恐惧,以及他的潜意识对自身死亡状态的接受。

那个预言他会死的女巫除了有几块石头和几根木棍外,其实什么力量也没有。她的暗示本身并没有致死的力量。如果他知道自己大脑运作的规律,就完全能抵制这种消极暗示,那么,女巫的话对他来说也就不过是过眼云烟罢了。他本来可以拒绝消极暗示伤害自己的,然而由于不了解意识的相关知识,他放任来自外界的暗示杀死了自己。

对你而言,他人的暗示本身没有任何影响力。倘若说这些暗示拥有任何力量,那么这都是你自己给的。你要是不在精神上认同它,你要是不乐意接受这些念头,它们就都是胡说八道。只要你点头批准了,这些思想就变成了你自己的,潜意识就会随之发生作用,将它们付诸实践,化成现实。

请记住,你有权选择。选择生命! 选择爱! 选择健康!

## 假设大前提的启示

早在古希腊时期,哲学家和逻辑学家们就已经研究过逻辑推理的形式了,他们称之为三段式推理。

例如:
所有有形的事物都会变化和消失;
埃及金字塔就是有形的事物;
所以,金字塔就会改变和消失。

再有：

所有美德都是值得称颂的；

善良是一种美德；

所以，善良是值得称颂的。

在这两个例子当中，它们的第一句陈述就是大前提，而结论必须在正确的前提下得出。我们大脑的思维过程与此类似。不论是什么样的大前提，只要你的意识相信它是真实可信的，你的潜意识就会认为它是真实可信的，而我们的现实则是这一潜意识中大前提的结论。

我曾在纽约市政厅举办过一个心理学讲座。讲座之后，一位大学教授找到我说："我的生活一团糟。我如今身体不太好，没什么钱，也没什么朋友。不管我想做什么，最后都成不了。"

我向他解释说，他的问题在于他的潜意识顺从了自我毁灭的大前提。要改变这一切，他必须在意识中重新确立一个积极的大前提，然后引导潜意识接受这个新的大前提。他首先得相信这一点：他潜意识中的无穷智慧会在精神上、物质上指引他，助他成功。一旦他建立了这个正确的观念，他的潜意识就会自动地引导他做出明智的决定，治愈他的身体，平复他的心情。

于是，教授就在脑中构筑了一幅梦想中的生活全景，而这幅全景就是他的大前提：

无穷的智慧时时刻刻引导着我。我有健康的体魄，还有美丽、爱情、平静和财富。我知道，我的大前提建立在生命的永恒之上，我感觉到我的潜意识在按照我的意识运作。

过后他写了个报告，讲述自己的经历。在报告中他写道：

我每天都要将上述大前提重复好几次,安静地、缓慢地、充满感情地,我知道它会深深烙刻在我的潜意识里,也必然会带来好结果。我非常感谢你的指点,我想告诉你,我现在的生活在各方面都起了变化,变得越来越好。潜意识的作用的确很大!

## 潜意识不明白自相矛盾的话

你的潜意识是全能的,它能解决你的所有问题,但是,它自己并不知道这一点。它不会跟你争吵,不会跟你交谈,它也绝对不会拒绝你给它留下的任何暗示。

当你说"我做不到","我现在太老了","我履行不了这一任务","我出身贫寒","我不了解真正的政策"时,你的脑子里就充满了消极思想,你的潜意识也会做出相应的反应。实际上,你堵住了自己的前进之路,并亲手把缺乏、限制和挫折引入了你的生活。

如果你的意识出现了障碍,也就等于否定了潜意识的无穷智慧。你实际上是在说潜意识没法解决问题,这会使你的精神和情感负担过重,继而引起身体和心理疾病。

每天进行几次大胆的祈祷,便能认清自己的需要,克服心理障碍:

愿无穷的智慧指引着我,引导我找到完成愿望的完美计划。我知道潜意识中的深层智慧会响应我,我的愿望都能实现。我的内在感受会在外部世界得到响应,这是一种平衡,一种均等。

如果你说"没办法了,我完了,我实在搞不定",那么你在你的潜意识中就找不到任何解决的方法。想要潜意识帮你的忙,你就必须以正确的方式向它提出诉求,跟它合作,那它才会永远为你服务。它控制着你此时此刻的心跳和呼吸。当你切到手指的时候,它也会立马开始治愈它……它始终倾向于保护生命。它永远是这样,总是在照顾你、保护你。

你的潜意识有自己的工作方式,但是对你的思维和想象,它却会不加选择地全盘接受。当你寻求一个问题的答案时,潜意识会帮你找到它,但是它期望由你来做出一切正确的决定。因此,你必须承认问题的答案就在自己的潜意识里。如果你说"我没办法了,我很困惑,为什么我解决不了呢?",那么,你实际上是在削弱自己找到答案的希望,就像是混日子的士兵,虽然用尽全力,却只能在原地踏步。

让大脑平静下来,放轻松,垂下手,默默但肯定地说:

我的潜意识知道答案。它现在正在响应我的请求。我要感谢它,因为我潜意识中的无穷智慧无所不知,它会给我答案的。我深信我的潜意识能彻底释放它的无穷力量。我为此感到高兴。

**要点回顾：**

1. 往好的方面想,你就会碰到好事。往坏的方面想,你就会遇到坏事。你每天的生活就是你所想的。

2. 你的潜意识不会跟你争吵。它只会接受意识发出的命令。如果你说"我买不起",那么你的潜意识就会把它变成事实。换一种方式说:"我有朝一日会买得起它的,我在意识中已经拥有了它。"

3. 你有选择的权利。你可以选择健康和幸福。你可以选择友好,也可以选择不友好。合作一些,高兴一些,友好一些,可爱一些,整个世界也会以同样的方式对待你。这是养成好性格的最佳方式。

4. 你的意识就是"门卫"。它的主要功能就是防止你的潜意识接收到错误的信息。要相信好事总会发生的。你最大的力量就是你能够选择。选择幸福和富裕吧。

5. 他人的暗示根本不能伤害你。惟一能伤害你的就是你自己的信念。你可以选择拒绝接受别人的观念,而确信那些积极的说法。你有能力做出你的选择。

6. 注意你说的话。你要对你说的每一句话负责。不要说"我要失败了,我要失业了,我付不起房租。"你的潜意识开不起玩笑。它会把这些话都当真的。

7. 你的意识从来都不邪恶。自然中没有一股力量是邪恶的,它们的作用取决于你利用自然力量的方式。用你的思维去祝福和激励你身边的人。

8. 永远不要说"我不能"。你要克服恐惧,告诉自己:"靠着我潜意识的力量,我无所不能。"

9. 要从生命永恒这一真理的角度来看问题,摆脱恐惧、无知和迷信。不要让别人帮你思考。要自己想,自己做决定。

10. 你是你自己的心灵(潜意识)的船长,你是自己的命运的主人。记住,你有选择的权利。选择生命!选择爱!选择健康!选择幸福!

11. 不管你的意识假定或者相信什么,你的潜意识都会接受这些东西并把它们变成现实。相信好运气、神圣法则的指引,相信生活中所有美好的祝福。

# 第三章　潜意识的神奇效力

所有的疾病都源于心。

治愈的方法只有一个，那就是信念。

治愈的力量只有一种，那就是你的潜意识。

牢牢记住这些治愈身心的力量之源吧。

潜意识的力量是无法衡量的。它激励你，引导你，向你展示记忆中储存的场景、姓名、事件等；它控制着你的心跳和血液循环，调节着你的消化、吸收和排泄功能。你吃完一片面包，你的潜意识就会把那片面包转化成组织、肌肉、骨头和血液。这一过程无人能够洞晓，惟有潜意识对其了如指掌，并控制着整个过程。潜意识能解决所有问题。

你的潜意识从不休息，它永远在工作。你只需在睡觉之前告诉它你要做一件特殊的事，那你就能够见识到它的神妙之处。第二天醒来，你会惊喜地发现，你内在的力量已被释放出来，将你引向目标。它是你力量和智慧的源泉，与那创造天地，使星体运转，使太阳发光的力量是一体的。

你的潜意识是你的理想、愿望和利他主义冲动的源泉。正是通过潜意识，莎士比亚才察觉出他那个时代隐藏在普通人群中的真理；正是通过潜意识，希腊的雕刻家菲迪亚斯才能在大理石和黄铜上体现出美丽、秩序、对称和比例均衡。潜意识是伟大艺术家们的创作之源，是它让伟大的意大利艺术家拉斐尔画出了圣母玛利亚，是它让伟大的德国音乐家贝多芬写出了交响曲。

我曾在印度瑞诗凯诗（Rishikesh）的瑜伽森林大学（Yoga Forest University）做过演讲，并和一名从孟买来的外科医生谈了很长时间。从他那里，我得知了詹姆斯·艾斯戴乐博士（Dr. James Esdaille）的神奇故事。

艾斯戴乐博士是一位苏格兰外科医生，他曾于19世纪40年代在孟买行医。那时还没有麻药或者其他的科学麻醉法。尽管如此，在1843年到1846年期间，艾斯戴乐博士还是做了差不多四百多场大型外科手术，这些手术包括截肢、肿瘤和癌细胞切除以及眼部、耳部和喉部的手术。这些手术都是在只进行了精神麻醉的情况下进行的，但病人们都说没有感觉到任何疼痛，也没有任何一个人在手术中死去。

更让人惊奇的是，艾斯戴乐博士的病人们，术后感染导致的死亡率也非常的低。这件事发生在路易·巴斯德和约瑟夫·利斯特等西方科学家指出感染的根源是细菌之前，那时，还没有人能够意识到，术后感染是由未杀菌的器械和有毒的有机体引起的。但由于艾斯戴乐博士向他的病人做出了积极的暗示，因此，尽管他们处在一种不良的状况中，也都很难被感染。因为他们的潜意识响应了医生的积极暗示，启动了打退感染及种种威胁的必要程序。

想一下，早在一个半世纪以前，这位走遍了大半个地球的苏格兰外科医生就发现了潜意识神奇力量的运用之道，你难道不震惊吗？这股力量激励艾斯戴乐博士并保护他的病人免受死亡威胁，它也同样可以属于你。

你的潜意识不受时空的限制。它能使你免于痛苦和折磨；它能给出你任何问题的答案。这是在你身体里的，一股让人惊奇不已的力量。你会为潜意识的神奇力量高兴不已。

## 潜意识是你的生命预言书

你心里想什么，你就会在外界环境中经历到什么。你的生活有两个方面，它是客观的又是主观的，是可视的又是隐形的，是思想的集合又是思想在外在环境中的体现。所以，不论你在潜意识中刻入了什么想法，你都会在客观的环境、状态或者事件中体会到它们的存在。潜意识就是你的生命预言书。

在你大脑中那个有意识又能推理的器官——大脑皮层中，你的思想是被当成一种信息接收的。这个想法一旦被你的大脑完全接受，它就会被传送到潜意识中去，在那里它会变成你身体的一部分，然后被付诸实践。

就像前面提到的那样，你的潜意识不会跟你争吵。它只会遵照你的想法行动，只会接受你意识所给出的定论。你的生命预言书总是靠自己书写，因为你的思想会转变为你的人生经历。美国哲学家拉尔夫·瓦尔多·爱默生（Ralph Waldo Emerson）说："人就是靠自己想象出来的。"

## 潜意识中有什么，世界就会有什么

美国的心理学之父威廉·詹姆斯（William James）曾说过，改造世界的力量就在你的潜意识中。潜意识充满了无穷的智慧。无论你向潜意识中传达什么思想，它都会尽力实现。所以，你必须输入积极正确的想法。

世界上之所以充满那么多的混乱和悲剧,是因为很多人并不明白他们大脑中意识和潜意识的相互作用。当这两个动因和谐一致,能够顺利运转时,你就会远离疾病和悲剧,得到健康、幸福、平静和欢乐。

在古代,赫尔墨斯·特利斯墨吉斯忒斯(Hermes Trismegistus)被认为是世界上最伟大的占卜师。他死后,过了很多世纪,仍有很多人孜孜不倦地探询他强大占卜力的原因,人们怀着极大的期待和好奇心打开了他的坟墓。据说那个时代最大的秘密的答案就在这个坟墓里。答案刻在墓碑上:

上行,下效。

存乎中,形于外。

换句话说就是,不管你内在的潜意识是什么样的,它都会在外在空间变成现实。释迦牟尼、老子等所有这些远古时期的先哲们都曾宣扬过这个真理。就像上天会怎么样(就像你的头脑),地上就会怎么样(正如你的身体和环境)。这就是伟大的生命法则。

你会发现,自然界有许多定律,像作用与反作用,运动和静止,都是在两股力量达成平衡之后,才会出现和谐和平等。而你来到这个世上,生命的定律也有节奏,你的精神和身体必须和谐,这样才能生存下去。付出和收获一定是等量的。大脑中的思想和它在现实中的表现一定也是等量的。你的挫折都源于你没被满足的欲望。

如果你的想法消极、有害或邪恶,这些想法就会生出有害的情绪,这些情绪需要发泄。而这些消极情绪一旦发泄出来,就经常会表现为溃疡、心脏病、紧张和焦虑等症状。

看了以上的话,你现在作何感想呢?你是怎么看待自己的呢?其实你的现状都已经有所表达了。你的活动、身体、经济状况、朋友、社会地位全部都反映了你所想的。这就是潜意识能表达一切的真正含义。

你的消极思想常常会伤害你自己。曾有多少次，你被自己的生气、害怕、嫉妒和报复等情绪所伤害？这些都是侵蚀你潜意识的毒药。你并不是天生就是这种消极态度。所以，应该抹去消极的思想，向你的潜意识输入积极向上的思想。如果你能坚持下去，你就会忘记所有不快，不再记起。

## 潜意识战胜了恶性皮肤癌

我个人的经历应该是最有说服力的。多年前，我得了恶性皮肤癌。虽然我找了最好的医生看病，试图用当时最先进的方法进行治疗，但是这些疗法都不起作用，病情越来越糟糕。

幸运的是，我认识一位有着丰富心理学知识的牧师，有一天他给我解释了《圣经·诗篇》第 139 篇：

我未成形的体质，你的眼早已看见了。
你所定的日子，
我尚未度一日（注：或作"我被造的肢体尚未有其一"），
你都写在你的册上了。①

他向我解释了我的潜意识中"册"的意义，以及它是怎样从一个微小的原始细胞形成和塑造了我所有的器官。他指出，因为潜意识创造了我的身体，同样可以重新创造它，也可以按照我身体里原来完美的形态来治愈它。

这位牧师指着他的表说："这只表有一个制表人，但是在手表

① 《圣经·诗篇 139:16》。

被制造出来之前，制表人已经在心中把它造好了。如果手表出了问题，他当然知道要怎么才能修好它。"

我知道他想要通过这个类比告诉我什么。创造我身体的潜意识的智慧就像制表人。它清楚知道整个治疗过程。但是为了使它能好好工作，我们需要向它传达一个健康的观念。这个观念是因，而治愈是果。

我做了一个简单直接的祷告：

我的身体和我的所有器官都是由我潜意识中的无穷智慧创造的。它知道怎么来为我疗伤。它的智慧塑造了我所有的器官、组织、肌肉和骨头。我身体里的这股强大力量正在改变着我身体里的每一个细胞，使我变得更加完善。我要谢谢这股力量。这一智慧真是太神奇了。

我每天都要大声地重复这个简洁的祈祷两到三遍，每次五分钟。3 个月以后，我身上的癌细胞消失了，皮肤癌痊愈了。我的医生非常吃惊，也非常迷惑，但是我知道到底发生了什么事。我把能够给予生命完整、美丽和完美的信息传达给了我的潜意识，这些信息挤掉了那些存留在我的潜意识中的消极的映像和思维方式，而这些消极的映像和思维方式正是我所有烦恼的起源。

你不会生病，除非在你脑子里先出现疾病的概念。如果你改变想法，不断地向大脑输入积极的信息，你就能改变你的体质。这是治病的基础。

所有的疾病都源于心。除非在你的心里出现了与之相对应的心理模式，否则你根本不会生病。

治愈的方法只有一个，那就是信念。

治愈的力量只有一种，那就是你的潜意识。

牢牢记住这些治愈身心的力量之源吧！向你的潜意识传达正确的指导信息，这样就能治愈你的身心。

## 潜意识如何控制身体所有的功能

不管你是醒着还是睡着了，你的潜意识都会不知疲倦地控制着你身体的所有机能。所以，即使你睡着了，你的心脏也会继续有节奏的跳动；你肺部的胸腔和隔膜肌还会吸气吐气，二氧化碳是维持生命所需的氧气产生的副产品。你的潜意识控制着你的消化过程和腺体分泌，还控制着你身体中其他极其复杂的运转过程。这些时时刻刻都在发生着，不论你醒着还是睡着。如果你被迫用意识来运转身体功能，那么你是注定失败的，你很有可能会死。生命运转的过程实在是太错综复杂了。在心脏手术中使用的人工心肺机是现代医学科技的一个奇迹，但是它所做的事情比潜意识所做的简单得多。

假设你正坐在一架超音速喷气式飞机上飞越大洋，你走进了驾驶舱。当然，你不知道怎样驾驶飞机，但是你会分散飞行员的注意力。类似的，你的意识不能操纵你的身体，但是它可以阻碍它正常运转。

担忧、焦虑、恐惧和绝望都会阻碍心、肺、胃和肠的正常工作，而医学界才刚刚开始把压力作为疾病重点对待。其病因正是由于负面思想阻碍了潜意识的和谐运转。

当你觉得身体和精神都很不和谐时，你最好的选择就是放松，平静下来，和你的潜意识对话。告诉它要恢复平静、和谐和秩序，然后你就会发现身体的所有官能都恢复正常了。一定要用确信无疑的口气来说，那样它才会听从你的命令。

## 怎样让潜意识为你发挥作用

首先要弄明白,是你的潜意识在发挥作用。它日夜都很活跃,不论你是否按它的规则行事。你的潜意识思维是你身体的重要构建者,但是你无法从意识上去感知其内在的过程。你的事务由意识处理,而不是你的潜意识。现在就开始重视你的意识吧,在灵魂深处要明白,你的潜意识常按照你的习惯想法表现出来。

当水流经管道的时候,管道是什么形状,水就是什么形状;当生命的泉水流经你的时候,你的思想是什么形状,生命就是什么形状。向它祈祷吧,说出你的愿望,告诉它你需要健康、和谐、平安、喜乐和富有……相信潜意识的无穷智慧,坚信它会让你领悟到生命的真谛,会实现你的梦想,成全你的渴望。

## 潜意识法则修复视神经

法国西南部地区的卢尔德(Lourdes)是世界著名的疗养胜地之一。卢尔德地方图书馆的文献中,记载了许多堪称奇迹的治愈实例。其中一个是碧若女士的例子。由于视神经萎缩,碧若女士失去了视力。但她来到卢尔德后不久,视力竟然奇迹般地恢复了!可是多位医生检查发现,她的视神经依然萎缩,按理说她无论如何都是看不见的,可她偏偏就能看见东西了!一个多月后,医生又重新对她做了检查,结果发现她的视觉功能已经完全恢复了正常!

我相信绝不是卢尔德的温泉治愈了碧若女士的眼睛,她之所以痊愈是因为源自潜意识的内心信念产生了作用。她的潜意识根据她的信仰发挥作用,而信仰是在意识的作用下被导入到潜意识之中的。信仰把观念当做现实,而潜意识在信仰的指导下则把观念变成了现实。

碧若女士无疑是满怀期待前往卢尔德海滩的,她对卢尔德海滩的治疗作用深信不疑,因而相信自己一定可以在某种程度上恢复视力。她的潜意识据此做出了反应,将存在了很久却久遭压抑的治愈力量释放了出来。既然潜意识能够生成我们的眼睛和其他器官,那么潜意识也能够让损坏的视神经重焕生机。而想要奇迹出现,所需的不过是你的信仰罢了。

## 让潜意识相信健康

我在南非的约翰内斯堡旅行的时候,曾经遇见过一位牧师,他与我分享了他战胜晚期肺癌的传奇经历。他采用的方法,就是将正面积极的健康观念不断地输送到潜意识中。在我的请求下,他讲述了具体的步骤,我把它记录如下:

一天之中,我数次彻底放松自己的心灵和身体,同时我会这么对自己说:

"我的脚掌放松了,足踝放松了,腿部放松了,腹部肌肉放松了,胸部放松了,大脑放松了,我的全身都彻底放松了。"

如此持续几分钟之后,我就感觉自己仿佛进入了一种朦胧状态,就像要睡着了一样。这个时候,我开始坚定地对自己说:

"人生的完美性正通过我的身体展现,我的潜意识充满了积极向上的情绪。上苍会一直庇佑我。我的潜意识将遵照内在我的愿望,使我拥有健康的体魄。"

这位牧师所用的技巧非常简单,不过是把健康的观念通过反复的自我暗示输送到潜意识之中罢了。但最终,潜意识在他身上发挥出了神奇的治愈作用。

除了上面所讲的方法,通过具体入微的想象也可以将健康的观念输送到潜意识。我曾经指导过一位半侧身体瘫痪的病人,他始终坚持把病床设在办公室以便处理事务。我教他观想自己在办公室中来回走动、倚靠办公桌、接听电话和完成其他日常工作的情形,越真实越好。我告诉他,观想中的情形会传送到潜意识中。

他听了我的话,全身心地投入到观想之中。他感觉自己仿佛真的在办公室里活动,而且想象出了各种细节。如果说他的这些观想是图像的话,那么他的潜意识就变成了印刻这些图像的底片。潜意识一旦有了具体明确的方向,就立即开始发挥作用了。接下来的数周时间,他每日里反复进行这样的观想练习。结果有一天,办公室里面的同事都出去了的时候,电话突然响了。电话离他的床有整整3米远,但是他竟然起床接了电话。接听完电话的一刹那,他才发现自己的瘫痪竟然痊愈了!他的潜意识力量对他的观想做出了反应,治愈作用便顺理成章地发生了。

其实这位病人之所以瘫痪,只不过因为他的心结阻碍了通往身体一侧的大脑神经。当他将注意力转移到治愈力量上面时,潜意识的治愈力量就开始发挥作用,他的心结逐渐解开,整个人就重新行动自如了。

**要点回顾：**

1. 你的潜意识控制着你身体各部分的各种关键技能,潜意识知道所有问题的解决之道。

2. 入睡之前,反复向你的潜意识诉说具体的请求,那么你就能体验到潜意识解决问题的神奇力量。

3. 你印刻到潜意识中的各种观念,都会最终表现为你实际经历的事件和体验到的周围环境。所以,你必须谨慎地观察自己的思想,对进入自己潜意识的思想观念有所选择。

4. 作用和反作用的规律是普遍成立的。你的思想是作用,而潜意识的自动反应就是反作用。你有什么样的思想,就有什么样的潜意识,所以千万小心你的思想!

5. 所谓挫折,就是那些没有被满足的愿望。如果你对困难和障碍进行了细致的想象,那么你的潜意识就会强化这些困难,相应地,也就弱化了你的优势。

6. 生命的法则无处不在。一定要让你的潜意识充满和谐、健康与平和。如此这般,你的身体机能便能恢复正常。

7. 让你的意识对美好的未来保持持续的期待,而你的潜意识将根据你的期待为你带来相应的现实。

8. 当你面对困难时,想象最完美的结局。让自己想象成功后的激动心情,而你的观想和感受会被潜意识接受,并最终成为现实。

9. 你必须坚定不移地告诉自己:"潜意识必将实现心之所愿。"所有的困难都将迎刃而解。

10. 观想你内心所愿,越真实越好,最好就像现实一样。你的潜意识将跟随你的观想,将其变成现实。

# 第四章　古代精神疗法

〜

想好事，来好事。
想坏事，来坏事。
每天想的是什么，你身上就发生什么。

几个世纪以来，处于任何地区、气候和文化中的人们都本能地知道：在某处，存在着一种能够起到治愈作用的力量，它能够恢复人体的能力和功能，使之达到健康的常态。人们还相信，在某种特定的环境之下，人类能够激发出这种神奇的力量；而一旦将其激发出来，人类所遭受的各种苦难和折磨就会得到缓解。各个民族的历史都实实在在地证明了这一观点。

在世界历史的早期，在秘密地影响人们善恶的众多能力中，有一种治愈疾病的能力。治病的过程和方法在世界各地大相径庭，但是，普遍都包括以下这些程序：祷告和奉献祭品；举行诸如躺着举手并念咒语这样的仪式；护身符、戒指、文物和图片的使用。

例如，古代的祭司会在寺庙中给病人开药，并且在病人睡觉的时候对他们使用催眠疗法。病人会被告知，圣人一定会在他们的梦境中出现，并且会治愈他们的疾病。随之而来的是，很多人的疾病都痊愈了。

信奉希腊神赫卡特的人则被告知，在有新月的夜晚，将蜥蜴、树脂、乳香与没药（没药树的树胶脂）混合在一起，在露天里进行搅拌。在进行了这些古怪而神秘的仪式之后，信徒们向神祷告，喝下他们刚刚调制好的有魔力的饮料，然后去睡觉。如果他们的信念足够强大，他们就能在梦中看到神。这个听起来很奇怪、甚至有些荒诞的仪式，却往往真的能够治愈疾病。

古代人发现了很多有效的方法，去挖掘潜意识难以置信的力量，用以治愈疾病。虽然他们发现这些方法行之有效，但是，他们却并不理解这些方法为什么有效，以及它们具体是如何治愈疾病的。今天，我们知道，他们是通过使用强效的潜意识而发挥作用的。仪式、有魔力的饮料和护身符对于人类的想象力的确很起作用，而且，医治者会给予病人连续的相关建议，以引导其获得潜意识的支持。但是，治愈的工作其实主要是由病人自身的潜意识来完成的。

几个世纪以来，当权威的医疗方法失效，病人放弃希望的时候，民间的医治者却每每获得神奇的疗效。这就不得不引起我们的思考。这些散布在世界的各地的医治者是如何获得奇效的？答案就是，这些疗效之所以能够产生，是缘于存在于病人内心的渴望治愈的潜意识被唤醒了。医治者使用的方法越是荒诞和独特，就越能使病人相信这一古怪的方法一定有非同寻常的效果。他们被唤醒的精神状态使他们更容易接受治疗建议，无论是在意识层面还是在潜意识层面。

## 《圣经》中有关潜意识力量的使用

　　*所以我告诉你们：凡你们祷告祈求的，无论是什么，只要信是得着的，就必得着。①*

　　读了这段《圣经》，我们再来仔细看一下具体时态的不同。动词"信"是现在式，但是"得着"是将来时。灵感突发的作者，通过这个显而易见的语法时态的不同告诉我们，如果我们像接受已经存在的事物一样，去相信并接受我们渴望、期望去完成的事情，那么，这些事情就会自然而然地在未来发生。

　　以上这一过程，从成功发生到完成，都有赖于已经存在于我们脑中的意识、想法以及自信。任何事物要想实质性地被考虑周全，它必须首先被认为是实际存在的。

　　在这里要多说几句，如果说有一种简洁而具体的方法，去使用意识的创造性力量，那就是让你渴望的事物在你的潜意识中留下深刻印象。你的意识、想法、计划或者目的，就像你的手或者你的心一样，是确实存在于这个世界上的。你必须完全消除脑中各种有关不利环境、条件或者任何可能产生负面效果的事物的思考。

　　在《圣经》中，这种思维方式被描述成在脑中播下一颗种子（信念）。如果让这颗种子不被打扰地成长，那么它终将在外部逐渐发芽、开花结果。我们都知道，作为教徒，首要的信念就是，坚持信仰。教徒们不断地阅读《圣经》，《圣经》中说到"照着你们的信给你们成全了吧"，同时也提到，一个人如果在土地里种下了那些特定的种子，就要有坚定的信念，种子会按照播种者的想法茁壮成长——这就是种子的力量。并且，要相信自然生长和农业的法则，

　　――――――――――

　　① 《圣经·马可福音11：24》。

种子终究会长成需要的样子。

《圣经》中描述的这种信念,是一种思考方式,一种思维态度,一种我们个人对自我内心的确信。我们知道,想法一旦完全被内心意识所接受,就会根植在潜意识之中,并且最终在现实中表现出来。在某种程度上,所谓信念,就是去接受你的理智和理性否定的那部分事物。信念是一剂良药,它拒绝倾听微不足道的、理性的分析意识,而完全依赖于内心潜意识的力量。

这里有一个十分恰当的《圣经》中治病的例子:

耶稣进了房子,瞎子就来到他跟前。耶稣说:"你们信我能做这事吗?"

他们说:"主啊,我们信!"

耶稣就摸他们的眼睛,说:"照着你们的信给你们成全了吧!"他们的眼睛就开了。耶稣切切地嘱咐他们说:"你们要小心,不可叫人知道。"①

通过强调"照着你们的信给你们成全了吧",耶稣公开地使盲人内心的潜意识产生作用。盲人的信念是他们巨大的期望,他们内心的感情,他们无比坚定的信仰,使得他们的祷告得到了回应。这个历史悠久的治疗方法,被世界各地的人们普遍使用——尽管他们的宗教信仰各不相同。"你们要小心,不可叫人知道。"耶稣之所以这样叮嘱那些被治愈的患者,是为了防止他们和其他病人讨论治愈过程。如果他们参与讨论的话,那么,原本坚信不疑的他们就会被其他人的怀疑和否定动摇。这样,他们潜意识中就会逐渐产生恐惧、怀疑和焦虑,从而动摇他们所接受的耶稣传授的信念。

病人接受了治疗,然后痊愈,实际上他们是被自己的信念、耶

---

① 《圣经·马太福音 9:28~30》。

稣的信念和潜意识中坚信能够治愈的信念三者一起治愈的。无论耶稣说什么，耶稣本人的内心都坚信自己的话是无比正确的。耶稣和需要他帮助的人们，都处于同一个主观的世界之中，他平静的内心完全了解自己的这一力量，再加上对治愈力量的坚定信仰，共同改变了病人潜意识中否定、破坏性的那一方面。自然而然发生的治愈结果是对这一内心精神改变的自动反应。耶稣的命令，吸引了患者的潜意识，并且要求他们对于耶稣带有权威的话语，对于耶稣的意识、感觉和绝对的信任，在潜意识中给予回应。

## 世界上其他神殿中的奇迹

在每一片大陆，每一片土地上，都有着能够治愈疾病的神殿。有一些是像卢尔德这类十分著名的神殿，也有一些是只有当地居民才知道的并不太出名的神殿。无论有名与否，在这些神殿中，疾病能够被治愈的原因从来都只有一个，并且也只可能有一个——通过潜意识的力量祛除一切顽疾。

我参观过一些日本的神殿。举世闻名的镰仓大佛的中心是一个42英尺高的巨大黄金雕像，那是一个合掌而坐的佛像，头部倾斜，仿佛能在沉思中获得兴奋。

在那里，我看到了许多人，无论年长还是年幼，都在佛像脚下参拜。金钱、水果、米饭等都被恭恭敬敬地供奉在侧。点燃的蜡烛、檀香烟火缭绕，祷告的声音此起彼伏。我听见一个年轻女孩的歌声，她低声祈祷，放了两个橘子作为贡礼。她感谢佛祖能让她重新说话。她曾经一度失声，但是，就在神殿中，她又获得了说话的能力。她单纯地相信，如果她遵守一个特定的仪式、按规矩斋戒、供奉指定的牲礼，佛祖就会让她重新开口说话，这一信念点燃了她对生活的期望。结果就是，她心里罗列的条件激发出了信念。她的潜意识回应了她的信念。

信念的力量怎么夸大也不为过。另一个绝妙的例子来自我的一个亲戚，他住在澳大利亚西部一个叫柏思的城市。他患了肺结核，肺部已经严重损坏。他儿子决定帮他痊愈。于是，儿子去了爸爸家里，告诉爸爸，他最近认识了一个有神奇力量的云游僧人。这个僧人刚刚从欧洲一个非常有名的神殿回来，他在那里待了很长一段时间，并且获得了一个具有治愈功能的神奇的小碎片，这块碎片据说来自于中世纪一个真正的十字架，被镶在一个圆环上。几个世纪以来，无数的患者在触摸这个小碎片之后都痊愈了。儿子还说，自己一听说这个故事，就赶紧为身患疾病的爸爸借来了这个小碎片。为此，他自愿付给僧人一份相当于 500 美元的牲礼。

当儿子把小碎片给父亲时，老人几乎是一把抢过去，紧紧贴在胸前，默默祷告，然后安然睡去。第二天早上，老人就痊愈了。之前的所有医学诊断都被证明是错误的。

这种治愈的例子几乎随处可见。但是这个故事独特之处在于，儿子的故事完全是编造出来的。事实上，他在人行道上捡了一片普通的碎片，交给珠宝匠打造了一下，并镶嵌到一个古典风格的圆环上。然后，他把东西交给老父亲。

你当然知道，并不是从人行道上捡到的普通碎片救了老人。救他的，是他的相当丰富的想象力，再加上十分希望痊愈的期望和坚信痊愈的信念。想象力和信念，或者说是和主观的感觉联系起来，这两者的结合通过潜意识产生了康复的结果。

这位父亲从不知道在他身上发生了什么样的奇迹。如果他知道了整个过程，也许他的病情就会再度恶化。而现实是，他的肺结核从未复发。他完全被治愈了，并且在 15 年之后才因其他疾病而去世，享年 89 岁。

你要知道，信念就像种植于土壤的种子，它会根据土壤而发芽。种植一个想法（种子）在你脑海中，带着信念和期望给它浇水、施肥，它就会逐渐显现出来。

做一个头脑工程师,使用可靠的被证明过的手段,来建立一个前途光明的人生。

学会为你爱的、却身患重病的人祷告。平静你的心,你想要治愈,想要活力的想法,都将被感知到,也会在你爱的人心中浮现出来。

## 一个普遍的治愈原则

治愈器官的是潜意识,而治愈的过程则要依靠信心。

深入地想一下下面这些话:

● 你拥有的心理功能,是由意识和潜意识结合产生的杰出功能。

● 你的潜意识总是不断地顺从于建议并发挥其力量。

● 你的潜意识完全能够控制身体的功能、状态和感官。

所有的疾病症状都可以在催眠过程中被主观暗示诱导出来。例如,催眠状态中,一个小小的主观暗示可能造成被暗示者脸红发热,或者使其寒冷颤抖。你可以暗示一个人,说他全身瘫痪、不能正常活动,极有可能他就会变成这样。你还可以试着拿一杯冰水,放到一个被催眠者的鼻子下面,告诉他:"这里全是辣椒,闻闻!"他就会猛打喷嚏。那么,到底是什么让他打喷嚏呢? 是水,还是心理暗示?

如果有人告诉你,他对猫尾草①过敏,那么当他处于催眠状态时,你试试拿一束假花或者一个空花瓶放到他面前,告诉他这个就

---

① 猫尾草（Timothy Grass）,是一种品质优良的牧草,近年来畜牧业者栽培的牧草品种当中,猫尾草配种的牧草占了一定的比例。除此,还采摘野生猫尾草贮存起来,以备不时之需。因此它的花语是计划。

是猫尾草。他就会显示出平常的过敏症状。这个例子告诉我们，导致过敏症状的原因存在于潜意识中。因此，治疗这一症状的方法同样也存在于潜意识中。

不同流派的治疗方法，例如整骨疗法、脊椎推拿疗法、气功、针灸和物理疗法，都产生了显著的疗效。而世界各地不同宗教中的各种仪式同样也能达到这种效果。很显然，所有这些治疗手段都通过潜意识——也是惟一被治疗的对象——才能起作用。

你是否注意到潜意识是如何治愈手指上的伤口的？潜意识本身却清楚地知道该如何操作。医生包扎伤口，说："自然就会好了！"但是这里的"自然"指的就是自然法则，也就是潜意识法则。直觉性地自我保护是自然界第一法则，而自我保护也是潜意识的首要功能。最强烈的直觉就是最有力的自我暗示。

## 各种不同的治愈理论

不同的个人或团体曾实践过许多种不同的治疗理论。其中相当一部分人因为他们的实践恰好产生了某些结果，就宣称他们的理论是正确的。然而，阅读过本章之后，我们会发现，他们的理论根本谈不上正确。

我们知道，这个世界上有许许多多的治疗方法。奥地利内科医生弗朗茨·安东·梅斯梅尔（Franz Anton Mesmer，1734～1815）在巴黎实习期间曾发现，在患者身体上放上一块磁铁，就能神奇地治愈患者的疾病。其后，他还使用了其他诸如玻璃或者铁片之类的东西来帮助治疗。后来，他甚至放弃了所有的物体，而仅仅把自己的手放在患者的身体上。他宣称，他治疗成功的理论基础来源于他自己命名的"动物磁性说（animal magnetism）"。他认为，一些神秘的磁性物质通过医生的手传给了病人。

梅斯梅尔把他发现的这种治疗方法以自己的名字命名——梅

斯梅尔术,今天我们已经知道这是一种催眠术。其他内科医生妒忌梅斯梅尔的成功,宣称他所有成功的治疗都仅仅是源于心理暗示,而并无其他特别之处。然而,他们也不得不承认,他们并不知道这种暗示的力量为何能产生如此神奇的效果。

所有这些治疗主体——心理医生、心理学家、整骨疗法专家、脊椎推拿疗法专家、内科医生和各种各样的治疗团体——都正在使用一种普遍存在于潜意识的力量。每一个人都可以宣称,治疗效果源于自己的某种独特理论,但是,事实却远非如此。所有的治疗过程都依赖于一种确定的、正面的心理态度,或者称之为一种思考方式——信念。治疗取决于这种自信的期待,它表现为一种强有力的心理暗示,作用于潜意识,从而释放出治愈的无穷威力。

一个人并不是被各种不同的治疗方法治愈的。当然,各种理论都有自己的解释,但是,治疗的过程中起决定作用的只有一个因素,那就是信念。能产生治疗作用的力量也只有一个,那就是潜意识。我们可以放心地选择任何理论、信仰、方法,因为只要有信仰,我们终将得到想要的结果。

## 帕拉萨尔苏斯的观点

菲利普·帕拉萨尔苏斯(Philippus Paracelsus,1493~1541),这位著名的炼金术士和内科医生,在他生活的年代是一位具有治愈能力的人。他的一段话在今天看来,明显具有科学事实的意味:

无论你相信的对象是正确还是错误的,最终都能够获得相同的效果。因此,如果我说,我相信圣·彼得的雕像如同我相信圣·彼得本人一样,我就会获得像相信圣·彼得一样的结果。但是,这是迷信。信念,确实能产生奇迹,而且,无论是正确的还是错误的信念,都会产生相同的奇迹。

16 世纪意大利哲学家彼得罗·蓬波纳齐(Pietro Pomponazzi)回应了帕拉萨尔苏斯的观点,他这样写道:

我们很容易想到,自信和幻想必然能产生神奇伟大的效果,特别是当这两者在信念本身和受影响的个体之间相互作用时。某些观点将治愈结果归功于某些特定的遗骸,这就是自信和幻想共同起作用的结果。庸医和哲学家都知道,无论把谁的尸骨说成是圣徒的遗体,患者的病情都会有所好转——只要他们相信那些真的是圣徒的遗体。

想想这段话在暗示一个什么道理。如果你相信圣徒遗体的神奇力量,或者相信某种特殊液体的治愈功能,或者,就像我的澳大利亚亲戚那样,去相信一块碎片的神奇作用,你都将会获得结果,因为暗示已经作用于你的潜意识。而正是潜意识发挥的作用,治愈了患者的疾病。

## 伯恩海姆的实验

希波莱特·伯恩海姆(Hippolyte Bernheim)是 20 世纪早期法国南锡地区的一位医学教授。他是最早解释医生对患者的心理暗示是如何作用于潜意识的科学家之一。

伯恩海姆讲述过一个舌头不能动的患者的故事。这位患者几乎尝试了所有的治疗方法,但没有一种方法获得成功。然而有一天,医生宣布他已经掌握了一个新的医学工具的使用方法,这次必将能治好患者的疾病。然后,医生把一个小型温度计放到患者嘴里。患者就以为这个工具一定能够治好他。过了一会,患者惊喜地大叫出声,因为他又能重新自由地活动自己的舌头了。

伯恩海姆继续写道:

在众多成功案例中，相同的事件屡见不鲜。一天，一个年轻女孩来到我的办公室，告诉我她已经连续4周完全丧失了语言能力。检查确诊之后，我告诉我的学生，失语症有时候是缘于突然的紧张情绪，要治疗的话可以利用心理暗示的影响。我打开感应器，把我的手放在她的咽喉部位，左右移动一下，然后对她说："现在你就能大声讲话了。"很快，我就让她发出"a"的声音，然后是"b"，再然后是"Maria"。她相继说出这些词，失语症就此完全消失。

在上面这个故事中，伯恩海姆展示了患者对于康复的期望和他们信念的力量，这些都通过一个强有力的暗示作用于潜意识。

## 由于暗示，长出了水疱

伯恩海姆还讲述了另外一个例子。他曾经在某个患者的脖子上贴了一枚邮票，然后告诉患者那是一个蜜蜂刺，结果贴邮票的部位就长出了水疱。世界各地的医生早已通过各种实验，证明了这种暗示的作用。毫无疑问，医生仅仅对患者进行一些口头暗示，就能导致患者身体结构的改变。

## 导致血斑的原因

出血症和血斑也都可能由暗示造成。

为证明这一点，伯恩海姆博士讲述了这样一个故事。他曾对一个进入催眠状态的人进行了如下的心理暗示：

在今天下午4点钟的时候，催眠结束之后，你将会进入我办公室，坐在这个椅子上，把双手盘在胸前，那个时候你的鼻子就会开始流鼻血。

那天下午，年轻人真的如他所说，4点钟进入了博士办公室，并且双手十字交叉在胸前，几滴鲜血从他鼻孔中流出来。

另外一个例子，也同样还是伯恩海姆博士做的实验。他在患者处于催眠状态的时候，用一个比较钝的工具尖部在患者的两个小臂上划出了患者的名字。然后，他这样对患者说：

在今天下午4点钟的时候，你将睡觉。你的手臂将会沿着我划过的地方流出鲜血。你的名字将在你的手臂上以血字的方式出现。

那天下午，病人被严密观察。在4点钟的时候他进入了睡眠状态。他的左臂逐渐出现清晰的字母，某些地方还渗出了血。尽管后来字母逐渐褪色了，但直到三个月之后，仍然可以看到模糊的痕迹。

这些事实证明了前面提到的两个基本假设的正确性，那就是：首先，潜意识一贯顺从于暗示的力量；其次，潜意识完美地控制了个人的身体功能、感觉和状态。

前面的现象都生动地展示了由暗示而导致的非正常生理现象。它们都有力地证明了"心想事成"这句成语。

要点回顾：

1. 时刻提醒自己，治愈的力量源于潜意识。

2. 信念就像种植于土壤的种子，它会根据土壤而发芽。种植一个想法（种子）在你脑海中，带着信念和期望给它浇水、施肥，它就会逐渐显现出来。

3. 拥有一本书、创造一个新发明或者完成一部戏剧的想法是真实存在于你头脑中的，然后你才能去实现这些想法。这就是为什么你必须确信你现在拥有你想要的东西。相信你的想法、计划、发明确确实实地存在，如果你相信了，它就会逐渐显现出来。

4. 在为另外一个人祷告的时候，了解你宁静内心的所有确信无疑的美好理念，能够改变另外一个人的潜意识的负面形式，带来神奇的结果。

5. 你听到的各种关于可能治病的神殿的传说，都是想象力和坚定信念的结果，它们作用于潜意识，从而释放出治愈疾病的能量。

6. 所有的疾病都源于意识。人体什么都不会发生，除非有一个意识去回应那一种疾病。

7. 任何疾病症状都可能缘于催眠性的暗示，这也显示出每个人思想的巨大能量。

8. 治愈的过程只有一种因素起作用，那就是信念。只有一种治愈的能力，那就是你的潜意识。

9. 无论你信念的对象/客体正确还是错误，你都会得到同样的结果。你的潜意识会回应你脑中的想法。把信仰完完全全当做你自己本来的思想，那就足够了。

# 第五章　当代精神疗法

> 独立地运用传统方法去思考,去计划。
>
> 每一个问题都有答案,每一个困难都有解决之道。

　　到底是什么力量产生了"治疗"的作用? 这力量又存在于什么地方? 怎样才能实际地应用这一力量呢? 这些问题对于每个人来说,都是值得深入思考的。而这些问题的答案则是一致的:使治疗生效的力量埋藏在每个人的潜意识之中,而病人往往能够通过改变自身的精神状态,释放出这种力量。

　　没有哪个心理学家、精神病学家或者医生可以凭借他们本身的力量治好患者的疾病——不管他号称信仰什么医学或精神学流派。和外科医生一样,心理学家或者精神病学家的作用,也在于祛除患者的肿块,然而不同于外科医生们操着手术刀祛除患者肉体上的肿块,心理学家和精神病学家祛除的是患者内心的"肿块"。通过这一行为,患者的内心得到了释放,从而显现出治疗的效果,重新获得身心的健康。没有哪个医生、精神病学家能够拍着胸脯保证，仅靠自己就能"治愈患者"。治疗能力可以有各式各样的名号——自然力、生命的源动力、智能创造力——但是实际上，这些都仅仅是潜意识的不同说法而已。

我们已经看到，我们可以通过许多方法，去移除那些存在我们身体中的、抑制生命原则发挥作用的障碍。这些障碍既包括精神上的，诸如情感；也包括身体上的。治疗原则存在于潜意识中，如果能够合理地运用它去指导自身或者其他人的话，那么无论什么时候，它都能治愈精神和肉体上的各种疾病。这种治疗原则不分宗教、种族或民族，适用于一切人群。如果想要实践这个治疗过程，完全不必特意去某个神殿；即使是无神论者或者不可知论者，其潜意识仍然会治愈伤口——或者在手上弄出伤口。

现代精神疗法生效所依仗的基础是，无限智能和潜意识能量会根据信念的坚定程度做出相应回应。你的信念越坚定，潜意识能量就越大。牧师们会遵从《圣经》的命令，走到一个小亭子里，关上门，清除自己的杂念，放松，放下一切，告诉自己存在着一种拥有无限治愈能力的力量，而且他们坚信这种能力就存在于他们内心。他们对所有的外界干扰关上思想的大门，然后，安静地、有意识地将需求和欲望转向潜意识，随后，他们会逐渐意识到，思想智能正在根据他们的具体需要作出回应。

你是否知道，只要你冥想着最终的理想，并感受到它的存在，潜意识所具有的神奇力量就会回应你意识层面的诉求，并真的实现它？这个世界上最神奇的事情莫过于此，也是许多现代精神科学家在运用祈祷疗法时所依据的科学原理。

## 治疗过程

普遍的治疗原则只有一个，而它适用于任何事物。我们有意识地运用它从方方面面来保护我们自己。

关于如何运用这种普遍治疗原则的力量,有许多方法、技术和理论,但是,治疗的过程只有一个,那就是"信"的过程。

## 信仰法则

世界上任何一种宗教都代表着一种信仰,这些信仰可以从许多方面来解释。而生命的法则就是信仰。关于你自己,关于生命,关于宇宙,你相信的东西是什么呢?

信仰是你脑海中的一种想法,它能够根据你的思考习惯,将潜意识能力分配到你生活中的方方面面。你必须认识到,《圣经》也在宣传信念,但是它的根本目的不是要你相信一些仪式、礼仪、制度、习俗或者原则。它在讨论信仰本身。简单地说,你脑海中的信仰就是你的想法。

耶稣对他说:"你若能信,在信的人,凡事都能。"[1]

相信那些会伤害你的东西是很愚蠢的。记住,并不是你信仰的东西伤害了你,而是你脑海中觉得会受伤的想法或者信念让你最后受到伤害。你的所有经历、所有行为乃至生命中发生的一切,都是对你自身想法的反应或者回应。

## 意识和潜意识的科学指导思想

祈祷/冥想疗法是指大脑意识和潜意识指向某一具体目标的过程,这一过程具有同步、和谐和智能的特点。祈祷/冥想疗法有

---

[1] 《圣经·马可福音 9:23》。

时候也指思想/精神治疗，还有一个术语叫做祈祷技术（scientific prayer）。在祈祷疗法中，你必须知道你正在做什么，以及为什么要这么做，你也必须要相信治疗法则。

在这种形式的治疗中，你需要有意识地选择一个你想在现实中呈现出来的特定想法、记忆图像或计划，然后针对这个具体目的而进行一个清晰明确的冥想过程。通过假想去感觉你想要实现的状态，那么意识就会把这些假想的图像传送到你的潜意识中去。只要你对自己的精神力量抱有强大的信念，你的祈祷或者冥想就会产生回应。

我们假设，你决定通过冥想疗法来克服一个特定的困难。首先，你必须意识到你的问题或者困难，无论它是什么，都源于停留在你潜意识中的恐惧的负面思想。如果能成功地清除脑海中的这些负面想法，就能成功地克服困难。

因此，你首先需要将注意力转向存在于内心的潜意识治疗力量。你需要不断提醒自己，这种力量拥有无限能力，它能够克服所有困难。你的思想一直停留在这些正面力量的层面，你的恐惧就会开始消融直至消失得无影无踪。正面力量同负面思想相互斗争的结果就是，真理终将战胜各种错误的想法。然而，治疗进行到这一步还没有完全结束。接下来，你应当真心感谢这种治疗方法。因为只有出于真心的信仰，才会有真心的感谢；而真心的感谢，反过来又进一步加强了真心的信仰。这个良性循环的过程不断运作，就会不断产生正面的力量，然后，你就能一直不断地克服困难。休息一段时间之后，你感觉到自己是被真理引导的，于是你重新开始祈祷或冥想。所有踏踏实实实践了这个技巧的人，都能彻底跳脱出负面意识的影响，他们根本就不会去想如果不能痊愈会怎么样。这种思想态度使意识和潜意识达到了和谐统一，从而释放出了无穷的治愈能力。

## 信仰疗法

众所周知,信仰疗法中的信仰是指意识和潜意识相互作用的学问。

在世界上很多地方,传统的医治者会通过跳舞、念咒、向神灵祈祷来治疗患者。一个人可以通过触摸圣徒的遗体而获救,也可能通过穿着特殊的礼服,点燃神圣的蜡烛或檀香,或者通过喝下一种混合的调制草药来获救。不论哪种形式,只要能够让病人真诚地相信这种方法或过程的效果,都可以成为治疗的手段。

任何方法,只要能使你从恐惧和忧虑中摆脱出来,使你获得信念和期望,就都能治愈疾病。许多人宣称,因为他们的理论产生了良好的结果,所以他们的理论就是正确、真实和有效的。显然,这并不是事实的全部。

我们再来回顾一下有关奥地利内科医生弗朗茨·安东·梅斯梅尔的故事。1776 年,他宣称用磁铁轻抚患者可以治愈疾病。后来,他索性改变方法,放弃磁铁,仅仅用手在距离病人身体一段的地方轻抚“治疗”,同样也产生了很好的效果。这些事迹我们都在前一章中提到过。而为了解释这种治疗方法成功的原因,梅斯梅尔演绎出一个理论,他称之为“动物磁性说”。他解释说,磁性是一种液体,存在于宇宙之中,也是人类器官中最活跃的部分。这种磁性液体通过他的手传送到病人的身体里,正是这种磁性液体帮助患者痊愈。这种说法流传开来,许多人慕名前来拜访,也因此发生了许许多多神奇的故事。

梅斯梅尔后来移居巴黎。在那里,政府指定了一个委员会来调查他的治疗情况。这个委员会成员里有许多杰出的内科医生,也有包括本杰明·富兰克林在内的科学院成员。经过一系列全面详细的调查,委员会确认梅斯梅尔确实治愈了那些病人。然而,委员会也同时指出,没有确切的证据证明磁性液体理论的正确性。因此,委员会认为,患者痊愈是因为病人的自我想象发生了作用。

这个调查之后,梅斯梅尔就被当局流放了,并于 1815 年逝世。不久之后,英国曼彻斯特的詹姆斯·布雷德博士(Dr. James Braid,1795～1860)通过调查研究指出,磁性液体和梅斯梅尔博士的治愈病例并没有任何关系。布雷德博士发现,患者可能因为心理暗示而进入了催眠状态。当他们处于催眠的恍惚状态之中时,许多神奇的效果就能成功产生。

现在,你就更容易理解,所有的这些病例成功治愈的原因之所在了,通过成功地使病人的意识开始冥想,同时加上对他们潜意识进行关于健康的有力暗示,从而共同作用于病人身上。把这些叫做迷信并不过分,因为无论是患者还是实践这一治疗过程的医生,都并不理解这个过程是如何发生作用的——即使他们亲身经历或目睹了整个治愈过程,他们也不过是"知其然,而不知其所以然"而已。

你的思想并不邪恶。自然界中没有任何力量是邪恶的。邪恶与否完全取决于你如何运用自然界的力量。用你的思想去祈祷、去治疗、去鼓舞世界各地的人吧!

由于身体细胞新陈代谢,每 11 个月你就获得了一个全新的自己。那么,趁机改变你的想法,从而改变你的身体机能和结构,并且保持这种改变。

当你的思想放松时,你接受一个新思想,你的潜意识也会起作用,从而接受这个新思想。

## 主观的信念

一个人的主观信念或者潜意识的想法,总是服从于各种类型的心理暗示。无论你的目标信念是什么,一旦你假设自己会积极地或者被动地获得某种信念,你的潜意识都会被暗示所控制,你的欲望也将随之得到满足。

在心理疗法中,信念指的是绝对的主观信念。获得绝对主观信念的方法就是,完全不去想与信念相反的任何负面问题,包括意识中或者客观存在中的任何反对意见。你当然要努力相信自己可以得到一种完美的结果,这种“无保留的信”是一种难能可贵的状态。如果能够在意识和潜意识两个层面都达到完全接受这个信念的状态,当然是最好的。但是,这也不是绝对的。你可以通过放松大脑和身体,进入睡眠状态,从而营造出一种被动接受的状态。在这个昏昏欲睡的状态之中,你身体意识中的被动性就变成主动性,开始接受主观的各种暗示。

一个患者曾经这样问我:“为什么牧师能够治愈我?当他告诉我,我什么病也没有的时候,我压根儿不相信他所说的话。我认为他在侮辱我的智商。但是,事实上,我痊愈了。这又是为什么呢?”

就像我给这个患者的解释一样,道理很简单。患者听了牧师的话,内心就平静了下来,并且进入了一种完全被动的状态,那段时间里,他既没有说任何话,也没有思考任何问题;牧师也进入了一种被动的状态,在半个多小时的时间里,他一直在安宁平和地告诉患者,他会重新获得健康、平静、和谐,然后痊愈。结果在半小时后,沉浸在巨大的轻松和宽慰之中的患者终于恢复健康。

从上面这个事例中,我们很容易明白,主观信念在治疗过程中被动地显示了出来。同时,牧师提出的完全获得康复的暗示通过潜意识传达到了患者意识中。两个主观想法因此达成了一致。

如果允许一个人把他对治疗者能力的怀疑,以及对治疗者理论正确性的怀疑表露出来,那这些怀疑最终就会表现为敌对性的自我暗示。这些敌对暗示有可能会严重阻碍甚至完全否定牧师的暗示。但是在睡眠之中,在一种恍惚、沉睡的状态之下,意识的拒绝性就会降到最低值。患者的潜意识就会倾向于接受牧师的暗示。因而也就能同那些暗示达成和谐一致，痊愈也就是水到渠成的事了。

## 缺席治疗的意义

假设你身在拉斯维加斯，却突然得知身在纽约的母亲患了重病。你的第一个想法肯定是马上离开拉斯维加斯，放下工作奔赴纽约去看望母亲。但是，如果条件不允许呢？你就会在母亲康复的过程中什么都不做，放弃任何可能给你力量的信念了吗？答案当然是否定的。虽然你的人无法陪伴在母亲身旁，但是你为她所做的祈祷一定会传达到她那里。这就是我们内心深处坚定意念能够发挥作用的场合。

在这个时候，你就需要发散思维，运用有创意的法则来为你服务。你必须做的是，在你内心的精神世界中领悟到有关健康与和谐的内证（inner realization）。内证通过潜意识起作用，随之就会在你母亲的潜意识中得到回应。你关于健康、活力生活的想法会通过一个与客观世界并存的主观世界而起作用。这些想法能够在主观世界开启一个力量之源，最后通过身体的痊愈显现出来。

主观世界完全没有时间或空间的界限。来自主观世界的力量，既可以引导你母亲，也可以引导你——无论你人在哪里。事实上，"缺席治疗（absent treatment）"这个概念是和"在场治疗（present treatment）"相对应的，因为普遍存在的主观世界是无所不能的。你不必试图强行产生任何想法，或者固执于任何想法。你的治疗是思想有意识移动的一个过程。随着你越来越有意识地关注健康、生活质量、身体放松这些因素，这些特质就会在你母亲的康复过程中渐渐显现出来，并获得新的生命力。那治疗结果如何就不言而喻了。

事实上，"缺席治疗"并不能完全表达这种治疗方法的含义，甚至可能误导人。虽然名字叫做"缺席",然而真正起作用的恰恰是因为真诚信仰的到场,因为物质身体的缺席也无法阻挡真心祈祷的治愈力量。这种方法适用于许多不得不缺席的人。一个身在拉斯维加斯的女儿听说在纽约的母亲患了冠状动脉血栓形成,因为不能去母亲身边陪伴,她做了如下祈祷:

治愈存在的地方就是我母亲存在的地方。她的身体状态是她的思想生命的反应,如同影子投射到荧屏上。我知道,为了改变荧屏上的图像,我必须改变他们要展示的东西。现在,我就把我关于母亲的康复、痊愈、和谐、健康的想法投射到我的脑海中。

无限存在的治愈能力,在我母亲身体的各个器官内产生,现在分解融化,充斥于她每一个身体细胞中,像宁静的小溪一样流过她身体的每个部位。医生被神圣的力量指引、领导着,无论和我母亲接触的是谁,他都会做出正确的事情。

我知道,疾病最终会消失,母亲的生命和爱的无限力量在一起。我命令:和谐、健康、和平全部在我母亲体内显现。

她每天都做几次类似的祈祷。几天之后,她母亲神奇地痊愈了。她的医生、心脏病专家对此感到十分惊讶,不由得赞美她的伟大信仰带给了她无穷的力量。

结论存在于女儿的脑海中,被她坚定的信念所接受,进而进入普遍存在的潜意识中,发挥出感情的创造性力量。潜意识通过她母亲的身体显示出完美的健康与和谐。女儿若觉得母亲真的遇到了什么,那么同时在她母亲身上就会发生什么。

## 释放出潜意识动力的行为

我的一个心理学家朋友告诉我,前不久她做了一个活组织检查,检查结果表明她体内的一个重要器官中有癌细胞。她的肿瘤专家建议的治疗方法既折磨人又危险。她在同意治疗之前,先试了一下另外一种方法。每天晚上睡觉之前,她都安静地祈祷:"每个细胞、神经、组织、器官,都痊愈起来吧! 都变得更健康吧! 我的整个身体都会重新获得健康与和谐的!"

大约过了一个月,她就痊愈了。接下来的各项检查表明,她体内完全没有癌细胞了。

这件事情令我印象深刻,同时,我对此也十分好奇。我问她,为什么她会选择在睡前反复地确认康复的事情。她告诉我:"一旦在感情深处建立了这种希望,潜意识的动力学行动会在睡眠期间仍然保持活动状态。这就是为什么在入睡之前替潜意识安排一个有益处的工作是如此重要。"

这一回答的确处处闪耀着智慧的光芒。同时要注意的是,在想象和谐与健康的过程中,她并没有特别强调需要面对的困难。

我也强烈建议大家,停止关注自身的各种小缺点吧,不要反复地纠缠于它们,特别是在睡觉前的这段时间里。睡觉之前,我们通常会从生活中吸取元气和活力,来保证充足的睡眠,而纠缠于自身缺点的人惟一能获取到的,只有烦恼或者恐惧。如果你持续地念叨你的疼痛或者各种症状,并且一直不停地纠缠于这些东西,你就会被它们控制,你就抑制了心灵中原本会释放出的治愈力量和潜意识能量。更有甚者,这些充满恐惧的幻想还会利用潜意识力量,在你生活中显现出那些你一直恐惧的现实。所以,停止关注自身的缺点吧! 让你的脑海中充满伟大的真理吧! 这样你就会走向充满爱和光明的未来! 你的烦恼就像树上破败的枯树枝一样,会被一把叫做积极力量的剪刀从潜意识的树上修剪下来。

**要点回顾:**

1. 是你的潜意识力量治愈了你。为你的潜意识制定一个正确的大方向有助于治愈你的思想和身体。

2. 你需要仔细考虑你的诉求或者欲望,然后确定一个祈祷的计划。

3. 想象你的终极需求,并且幻想它是真实存在的。按照他真实存在的状况去思考,你就会发现一切水到渠成。

4. 明确你的信仰。信仰是你脑海中的想法,是你认为自己能够创造出的东西。只要你相信,就能得到。

5. 去相信那些会伤害你、或者会给你带来麻烦的事情是很愚蠢的。相信完美的健康、繁荣、和平、财富和神圣法则的指引。

6. 让伟大和高贵的想法经常在你脑海中停留,它们终将变成你的行动。

7. 在你的生活中运用祈祷疗法的力量。选择一个明确的图景,对其进行反复的冥想。从思想上和情感上把那个想法组织起来。只要你一直坚持不懈,你的祈祷终将得到回应。

8. 一定要记住,如果你真的想要治愈的力量,你必须先从信念上拥有它,信念意味着意识和潜意识的交互作用。伴随着信念产生的是理解。

9. 如果你深爱的人身患重病,那么学着为他/她祈祷吧!清除你思想里的杂念,发散关于健康、活力、完美的想法吧,它们将通过与客观世界并存的主观世界发生作用。你的想法也会被你深爱的人所感受到,从而在他/她身上显现效果。

10. 在睡眠状态中,你需要避免意识和潜意识的冲突。在睡觉之前,不断地想象你的愿望得到了满足。然后安静地睡吧!醒来的时候,你会感觉精力充沛,心情愉悦。

# 第六章　实用精神治疗技巧

所谓信仰，就是存在于你脑海中的一种想法，而生命法则即是信仰法则。

不要相信那些会给你带来伤害或坏处的事情。相信你的潜意识力量能够治疗你、激励你，增强你的信心，使你的前途一片光明。

诚于中，必能形之于外。

当一个工程师需要建造一座大桥，或者设计一架飞机的时候，他既需要理论上的技术，同时也需要一套实用的方法。这些技术和方法必须通过学习才能掌握。同样的，也有一套相应的技术和方法来指导你管理自己的生活。这些方法和技巧是居于首要地位的。

在建造金门大桥的过程中，工程师首先需要知道的是数学原理、重力和拉力等一系列的相关知识；其次，他们需要在脑海中形成一个跨海大桥的具体而实际的轮廓；第三步就是，他们必须通过实施已规划好的想法和已被证明的理论，来具体执行这些方法和技术。随着这些步骤的逐步完成，大桥就从初具雏形慢慢变得更加丰满完整，最终就能够投入使用了。

同样的道理，如果你想让自己的祈祷得到现实的回应，就必须开始学习合适的技术和方法。使你的祈祷获得到回应的方法必须得是科学的，因为没有任何事情是偶然发生的，我们现在身处的是一个由秩序和法则控制的世界。在本章中，你将找到有关开启并丰富你的精神世界的实用技巧。你的祈祷不能像一个氢气球一样，始终漫无目的地停留在半空中，而必须有一个方向，这样它才能帮助你达成生活中的任务和目的。

我们分析祈祷的话语时，就会发现，其中有许许多多不同的方法和技巧。本书将直接关注那些使个人祈祷生效的方法，并协助你将之运用到自己的日常生活中去，同时你也能利用这些技巧帮助他人更好地祈祷。

祈祷是我们对于自身想要达成的愿望的一种明确表达。祈祷是灵魂的诚挚愿望。你的愿望就是你的祈祷，它来源于你最深层次的需要，它反应了你在生活中最渴望的事情。祈祷的真实本质即：有效地表达生命中对于和平、和谐、健康、愉悦，以及其他所有能够保佑我们的事物的渴望。

## 意念诵读法

我们已经看到，有效祈祷的秘诀就是使潜意识中充满想要达成的成果。要做到这一点，一个最简单的方法就是我们所说的意念诵读法。它主要指的是这样一种行为，通过在意识中反复地强调自己的行动，从而引导潜意识去占领你的需要。意念诵读法最好在梦境状态中完成。

你要知道，你的内心世界是充满无穷的智能力量的。只要静下心来，想一想你想要的是什么；想象一下，从下一刻起，它如果完全属于你了,你会变成什么样;想象一下,一个患了重感冒、喉咙沙哑的小女孩,坚定地、反复地祈祷着:"感冒马上就好啦! 感冒马上就好啦!"她会变成什么样呢? 当然是一个小时之后,感冒就真的好了!

## 潜意识会接受你的蓝图

如果你正在为自己和家人建造一座新房子,你一定会对新房子的图纸有莫大的兴趣。你将设法确保建造者按照图纸的每一个细节建造房屋,你也会督促他们使用合适的材料。一旦你知道未来生活的家取决于在建造过程中使用的材料,你肯定会选择最好的水泥、隔热隔音材料、电线、屋顶等等。

上述过程,难道不就是我们建造心灵家园的过程吗? 难道不就相当于我们为了幸福、富足而规划的精神蓝图吗?

所有进入你生命的经历和事物,都取决于你建造心灵家园时所使用的材料的质量。如果你的精神蓝图中充满了恐惧、忧虑和匮乏,如果你带着一脸的沮丧、怀疑和愤世嫉俗,那么,恐怕你的精神家园中也将充斥着艰辛、焦虑和紧张等限制你发展的结构。

每分每秒你都在建造着自己的内心世界,这是生命中最基础也最漫长的活动。你的生存之道也许悄无声息,也许不为人所见,但是,他们却是真实存在的。

你一直都在建造自己的精神家园,而你的想法和内心世界代表着你的精神蓝图。每时每分每秒,你都在建造一个容光焕发、健康成功的自己。在你隐秘的精神世界中,你的所思所想和你接受的信念都会成为重复播放的景象。这个精神家园是你为之不断付出心血和汗水的世界,也会是你最终形成的人格,你在这个世界谱出的全部生命之歌。

为自己构建一个蓝图吧! 安静地建造你的精神家园,不经意间,你就会水到渠成地得到安宁、和谐和愉悦,以及良好的声誉。

这些良好的资质早已停留在你的精神世界，一旦听见你的呼唤，你的潜意识就会接受你的蓝图，把这些东西带到你的生活中。祖先告诉我们："看树看果实，看人看作为。"你将来的成就大小，和你今天的精神修养是分不开的。

## 祈祷的科学和艺术

科学应当是一个协调的、有规划的、系统的知识体，那么，让我们来更仔细地看看，何谓真正祈祷的科学。这个知识体可谓是处理生活中诸多事宜的基础原则。生活中，你或其他任何人在运用这一知识体时所涉及到的技术和运用过程，就是这个知识体要描述的对象。"艺术"在这里指的就是你的技术或过程，而"科学"隐藏在"艺术"后面，是创造性思维在你脑海中引起的必然回应。

你们祈求，就给你们；寻找，就寻见；叩门，就给你们开门。①

这个著名的诗篇告诉我们什么呢？显然，它告诉我们，你要什么，你就将得到什么。当你敲门的时候，门会自动打开，随后你将会发现，门的那一边有你想要的东西。这个故事告诉我们，明确的思想意识能产生巨大的作用。总有那么一个直接的回应，从你潜意识的无限智能出发，转移到你的意识思考中。如果你需要的是面包，那么，你绝不会得到一块石头。

如果你想要实现一件事情，那么，你必须首先产生信仰，而头脑可以帮助意识渐渐在物质层面上实现。如果头脑中没有存在一个最初的形象，那么，它定不能进行下一步的转移，因为还没有一个可供潜意识转移的东西。在潜意识产生力量、发挥作用之前，你

① 《圣经·马太福音7:7》。

的祈祷，也就是你的思想活动必须首先作为一个东西被你的大脑所接受。你必须先达到一个大脑能够接受的"点"，那是一种没有任何思想限制的和谐一致状态。

这个沉思过程应该伴随着一种愉悦的、毫无约束的感情。你的知识和绝对的自信，是真实祈祷的艺术和科学的基础，意识的移动将会从潜意识中得到一个确定的回应，那就是无限的智慧和力量。按照这样的步骤，你的祈祷将会得到回应。

所有的困难都源于"没有达成"这样一种念想。如果你停留在一个困难或障碍上面，你的潜意识就会作出相应的回应，你正在"作茧自缚"。

通过实现那些隐藏在你思想意识小屋中的想法，你可以建立一个健康的、成功的、幸福的自我。

要达成你希望达成的事情，最容易的方法就是借助思想意识的帮助。

## 形象化技巧

形成一个概念最简单、也是最显而易见的方法就是在你脑海中将其形象地表现出来，就好像他们真的存在过一样。人的肉眼能看到已经存在于外部世界的事物，与之相类似，你也能够看到存在于你不可视的头脑世界中的事物。你脑海中的任何事物，都是你希望获得的事物，也都是现实世界中并不存在的事物。你的想象力给予你的东西，是同你身体的任何部位、器官一样真实存在的。那些想法和观念是真实的，而且，如果你足够虔诚地忠于你的思想，总有一天，那些想法和观念也会在你的客观世界中出现。

思考构成了你脑海中的印象。随后，这些印象将转变为事实和经验，在你的生活中显现出来。建筑师能够在脑海中使自己需要的建筑种类形象化。当建筑完工时，建筑师将会看到，已竣工的大楼和他们所设想的一模一样。建筑师的想法和思考过程都变成了塑料模型，也正是借助于塑料模型，这些大楼才得以兴建。建筑也许富丽堂皇，也许毫无生气，也许是一座摩天大厦，也许仅仅是一个单间瓦房，但是，这些建筑都是从想象的图画开始的。建筑师的精神想象就像画在纸上一样，然后投射到现实生活中。最终，承包商和建筑工人聚集好原材料，直到建筑落成，建造工作才告一段落，也才能够称得上完全符合建筑师在脑海中建立的虚幻的结构。

　　每次演讲之前，我总是使用形象化技巧。首先，我会清理自己的思绪，让我的意识能够适应潜意识。然后，我想象着会堂里面座无虚席，所有的座位上都坐着虔诚的听众，他们最终都能够被自身的无限治愈能力而启发和激励。我仿佛看见了光明、快乐和自由。

　　在脑海中产生想法之后，我安静地把这些情景设想成一幅幅画面。我能够想象人们在说"我被治愈啦"，"我感觉很好"，"我被改变了"的情景，我能够保持这些画面长达 10 分钟时间，甚至更长。我让自己知道并感觉到，每个人的头脑中和身体里都充满着爱、健康、美和完整。我的意识也随之达到了顶点，我仿佛能够听见群众在欢呼他们获得了痊愈和幸福。然后，我释放了所有的图片，缓缓走向讲台。

　　几乎每次演讲，我都会使用形象化技巧。每次演讲之后，都有听众过来同我交流，告诉我他们的祈祷得到了回应。

## 头脑电影法

　　有一句老话这样讲："一图抵千言。"事情必须作为现实被反复强调，而潜意识会据此调动任何存储于头脑中的图片，并且根据信仰而有所反馈：诚于中，必能形之于外。

　　几年之前，我曾在中东国家和地区巡回演讲。我希望在某处有一个永久的驻地，让我能够持续地帮助需要我的人们。有几次出行,我去了很远的地方,旅程中,我一直没有忘记自己有关永久固定地点的想法。一天晚上,在华盛顿斯普肯,我放松地躺在旅馆的沙发上,集中注意力想问题。在一片安静之中,我开始想象我正在同许许多多听众讲话。我对众多听者说:"我很高兴来到这里,我一直为了能够来到这里而祈祷。"

我看到想象中的听众缓缓向我走来,我能够真实地感受到他们的存在。我扮演着演员的角色,将这部头脑电影戏剧化地展现出来。我感到很满足,这些图画正在通过我的潜意识,传送到他们应该到达的位置。第二天早上,一觉醒来,我感到一阵祥和与满足。几天之后,我接到来自中东组织那边的电话,他们让我去做负责人。我去了,在那里的几年时间,我真正享受到了工作带来的深深的满足感。

我刚刚描述的这种方法通常被叫做"头脑电影法"。我收到过许多封来信,来自读过我书籍和听过我演讲的朋友,在信中,他们不断地告诉我使用这种方法所获得的神奇结果。

在出售不动产方面,这种方法似乎特别有效。如果你有房屋或财产需要出售,我的建议就是:首先在脑海中设想,物品出售的价格对于你或者买家来说都将是十分合适的。想象过后,让你的头脑安静下来,放松,不去想任何事情,然后进入一种昏睡的朦胧状态,把所有的思维减少到最少。现在,想象着你的手里拿着的是对方给的支票,你为此而感到愉悦,感谢买家和支票,然后真正地睡去,感觉脑海中的整部电影就像发生过的那样真实。

你必须把这件事想象成一个客观存在的现实。当你这样想的时候,潜意识就会把它当成一个印象。然后,无限智能就会为你显示出那个真正的买家,他会真正地需要这个房子,会真心爱上它,并且会在房子里住得很愉快。通过深层的意识流,买家和卖家联系到了一起。一个由信念支撑的、存在于脑海中的片段,终将出现在你的生活中。

## 鲍德恩介绍的技巧

　　克劳德·鲍德恩（Claude Baudoin）是法国卢梭学院的一名教授。他是一个能够出色运用精神治疗法的医生，同时也是新南锡治疗学院的研究主任。他发现，让潜意识记住东西的最佳途径，就是进入一种昏睡的朦胧状态，或者一个类似睡眠的状态。在这种状态下，所有意识层面的努力都减少到最低限度。然后，所有想法都能够通过映像，以一种安静的、被动的、易于接受的方式传送到潜意识中。

　　鲍德恩对其方法阐释如下：

　　简单地帮助它（注入潜意识）的方法，就是"强化观点"，也就是强化将要成为暗示客体的观点。同时，把观点总结成一个简洁的短语，最好能够雕刻在记忆上。然后，就像唱歌谣那样，不断重复这个短语。

　　几年前，洛杉矶的一个年轻寡妇身陷冗长而琐碎的家庭纠纷之中。她死去的丈夫把整座庄园都留给了她，但是，丈夫在前一任婚姻中所生下的儿女们却将她告上了法庭，要求改变遗嘱，并且不接受寡妇的和解意见。

　　当她找到我寻求帮助的时候，我把鲍德恩技巧解释给她听。我让她找到一个简短的表述，如能够很容易记在心里的句子来说明她的想法。她自己找到的句子是："它将恢复神圣的秩序。"对于她来说，这些话语意味着无限智能开始操纵她的潜意识，通过和谐原则产生作用，从而带来和谐的结果。

　　连续10天，她每天晚上都会坐在摇椅上，放松身体，进入一种昏昏欲睡的状态。一旦进入这种状态，她就慢慢地、安静地、有感情地、一遍又一遍地重复确认那句话："它将恢复神圣的秩序。"她发现自己逐渐进入一种内心平和的状态,安宁遍及全身,然后,就进入了正常的深度睡眠状态。

在第十一天的早晨,她一觉醒来,全身感到十分舒适,并确信案子已经有了结果。正是在这天早晨,她的律师给她打来了电话,告诉她反方律师和客户愿意和解。最终对方撤诉,双方达成了一致意见。

## 睡眠法

当你进入一个昏睡的朦胧状态时,所有的努力都将减少到最低。而当人处在睡眠状态中的时候,意识在很大程度上就被淹没了。原因就是,潜意识最大限度地浮出表面就发生在睡眠之前和醒来之后这两个短暂的片刻。这种状态之下,那些会遏制你的欲望、阻止你获得潜意识力量的负面想法,就不复存在了。

所以,如果你想要摒弃一个坏习惯的话,首先选择一个舒适的姿势,放松身体,静止不动,然后让自己缓缓进入昏昏欲睡的状态。就在这种状态中,安静地、像唱歌谣那样反复地对自己说:"我完全摆脱了坏习惯,和谐和安静又重新回到了我的生活中。"每天早晨或者晚上,花5~10分钟,慢慢地、安静地、充满向往地重复吟唱这些话。当你又开始重复那些坏习惯的时候,对着自己重复这些话吧!只有这样,你才能使潜意识接受这个想法,随之而来的必然是彻底抛弃坏习惯的结果。

## 感恩法

在《圣经》中,保罗提出,我们是通过祈祷和感恩来使我们的愿望被听到的。仅仅是遵循了这一简单的祈祷原理,就产生了许多不可思议的结果。一颗感恩的心应该总是同宇宙中的生命力量紧密联系在一起,通过互相给予的关系法则,感恩的心会获得无数庇佑。

最近,一位年轻母亲告诉我,她是如何使用这个技巧来度过难关的。她说:"我刚丢了工作,又破产了,家里3个小孩等着穿衣吃饭。我当时也不知道能去找谁。我想起来,你给我们解释过,在我们的祈祷得到回应之前,我们应该心存感激。这句话就像就像一盏明灯一样指引着我,我知道得尝试一下。"

在接下来的3个星期里,每天早晨和晚上,这位妇女都重复着这样一句话:"感谢您,伟大的主,给我财富。"她以一种放松的、平和的方式祈祷,直到一种感激的情绪和感觉占据了她的全部想法。她设想着,她在向无限力量和无穷智慧祷告,虽然她也清楚地知道,她不可能真正地看见造物主或者无限智慧。但她在用内心的精神感知进行观察,同时她还认识到,她所希望的财富的意象是最重要的,这同她渴望的金钱、地位、食物紧密相关。思想的觉醒是得到财富的基础,它不受先前的任何一个条件约束,自由自在,畅通无阻。

通过不断地重复说"感谢您,伟大的主",她的精神和心灵都达到了一个和谐的新高度。当匮乏、贫穷、困难等想法进入她的大脑时,她就会频繁地、经常性地祈祷:"感谢您,伟大的主。"她知道,只要她坚定地抱着感恩的态度,就能在意识中重新建立起对于财富的观念。而事实也确实如此。

这个母亲的祈祷还有一个有趣的后续故事。就在她开始按照方法祈祷之后不久,她在街上遇到一个已经5年没有见面的同事。正是这位同事给她提供了一个待遇很好的有前途的工作。他甚至借给她一笔钱,表示她可以在得到第一笔工资之后再还。就像她对我说的那样:"'感谢您,伟大的主'的神奇力量,我永生难忘。这些话为我带来了奇迹。"

## 肯定疗法

肯定疗法的效果很大程度上取决于个人对真理的理解程度，所以祈祷不能只是无意义的重复，而应当是坚定的积极信念，而且这种观念必须非常具体。肯定自己的力量就来自于信念和想象。假设一个学生学习数学，计算三加三等于几，结果在黑板上写出来的结果是七。老师告诉他，用数学公式来算，三加三等于六，然后学生改变了计算方法。事实上，并不是老师的陈述使得三加三等于六。她只是让学生明白这个已经存在的数学真理，并让学生在黑板上重新计算罢了。

得病是不正常的，健康才正常。健康才是你生活的真理。当你引导自己或者别人相信健康、和谐与平静的时候，当你认识到这些观念是生活应当遵循的普遍原则的时候，潜意识思维便会基于你对事物的信仰和理解，重整自身结构，并削弱其中的负面因素。

"祈祷"得到现实的回应，得有一个过程。而这一过程的结果如何，往往取决于祈祷者对于生活原则的确信程度，而不是取决于祈祷者肤浅的陈述。

当我妹妹在英格兰一家医院做胆石切除手术时，我使用了肯定疗法。她是在一间常规医院检查后被确诊的。她让我帮她祈祷健康痊愈。我当时不在英格兰，远在6000公里之外，但是这并没有影响到我。要知道，在思想的世界中没有时间和空间的差别。智慧存在于所有事物之中，也同时存在于每一个点之中。

我集中思绪，每天都要为我妹妹的疾病祈祷数次，我祈祷她的症状尽快痊愈，祈祷她的身体赶快好起来。平静地、自信地，我按照肯定疗法做了如下祈祷：

我为我妹妹凯瑟琳祈祷。她全身放松，身心宁静，做好准备，身体平衡。她将潜意识治疗的智能传递到每个细胞、神经、组织、肌肉和全身的各个部分，运用潜意识协调身体内的各个器官。安静地、平静地，所有分散的潜意识和谐地运动、发挥作用，活力、健康、身体组织的和谐之美在她身体内逐渐显现出来。她现在是一个开放的、能够接受治愈力量的身体。治愈力量像一条小溪流过她全身每个血管，为她的身体重建完美健康、和谐安宁。所有的扭曲和丑恶的意象都被宁静的海洋清洗、消除。

两周之后，我妹妹进行了另外一次检查。她的 X 光检查结果是阴性。医生确定她已经奇迹般地痊愈了，并且取消了手术。

所谓肯定，就是对事实或者观念进行主观的陈述。如果你坚持认为某种观念是正确的，即使所有的事实都指向另一个极端，只要你仍然确定自己的想法，你的祈祷仍然会得到现实的回应。切忌用否定的方式进行祈祷，因为当你否认某件事情时，实际上正在承认你试图否认的事实。

想清楚自己的渴望到底是什么，反复进行满怀确定的祷告，清楚地告诉自己正在祈祷什么。由于你清楚地做着陈述，你就必然能指引你的潜意识去接受某种特定的事物。你将确认生命的真理，并得到潜意识的回应和满足。

## 论证疗法

这种疗法的意义从其字面含义就可略知一二。它源于昆比（Phineas Parkhurst Quimby，1802～1866）医生的神奇实践。昆比医生是一位心理学和精神治疗的先驱，两个世纪之前，他在缅因的贝尔法斯特生活，并完成实践工作。实际上，他不仅是精神医学之父、第一位心理分析专家，还是一位在诊断患者病症、疼痛和疑难杂症方面卓有贡献的医生。

简而言之,昆比成功运用的论证疗法由精神论证构成。医生需要说服病人和医生自己,疾病的生成是由于错误的信仰和信念,对于病痛毫无根据的恐惧,以及存在于潜意识中的负面想法和态度。医生需要在脑海中清晰明确地论证,然后说服病人,告诉他们大病小病都仅仅是由于错误思想的排列组合和身体中扭曲的思想意识造成的。这个由内在的能量和外在的原因引起的错误信念,如今已经外在地表现为疾病,并且已经通过改变思想结构而在病人体内产生某种变化。

因此,医生需要向病人解释,所有的痊愈都源于信念的改变。医生同样还需要指出的是,潜意识可以影响身体所有器官;它知道如何去治愈疾病,并且,如果患者现在就相信的话,潜意识立马就会开始改变患者体内的各个结构,从而治愈疾病。医生要不断地去论证,说明疾病是源于病态的想法和意象,是浸泡在疾病想法中的思想意识的阴影。医生不断地展示证据,治愈的力量便不断集中,这些集中的治愈力量能在第一时间影响所有器官,并且在身体内每个细胞、神经、组织中产生一个完美的组合效应。

然后,医生提交给病人一份论证书,来支持自己和病人。通过信仰和心理劝解,医生便可将患者从病痛中解放出来。精神论证的力量使得医生和病人拥有一个共同的坚定信仰,它超越了错误观念的力量,医生对于真理的信念必然会在病人的现实经历中显现出来,患者也就随之痊愈了。

## 崇敬疗法

全世界有许多人实践过这一祈祷疗法,都取得了令人赞叹的结果。一位使用了崇敬疗法的女性谈到过这样一次经历:她安静地冥想。她心中想到了上苍会保佑所有人、他毫无保留的爱、无限智能、绝对力量和毫无保留的智慧、绝对和谐、无法形容的美丽和完美的品质。随着她思考的深入,这些话语进入她的脑海,构成了一个新的精神境界。她感觉世界的爱像无边的海洋,能够解决所有困难和问题,能够治愈所有她为之祈祷的患者。她感觉到,所有的爱和力量都集中到了患者身上。无论什么小病小患或者烦闷苦恼,在生命和爱的海洋里都完全被中和、被化解于无形之中。

崇敬祈祷疗法可以说能够和最先进的现代超声技术相媲美。一位居住在洛杉矶的杰出医生最近给我解释了这种技术。她在工作中使用这个技术,在超高频率的情况之下能够产生力量无穷的声波。当这些声波集中到病人的患处时,患病的细胞就会同超声波产生共鸣,回应声波震动,从而起到治愈的作用。

某种程度上,通过冥想造物主的各种特性和为我们人类做出的贡献,我们能够在意识中产生一个精神波,其中包含了和谐、健康和宁静。一旦将精神波集中投射到某位患者身上,那么患者就会感应到精神波的震动,并产生共鸣。许多神奇的治愈事例都是成功地运用崇敬祈祷疗法的结果。

## 重新行走的残疾妇女

在职业生涯的最后几年时间里,昆比医生经常使用崇敬疗法。他曾成功治愈了一位身体残疾的妇女。

一天,他应邀去拜访这位因行动不便而卧床的年迈妇女。他说,她的身体疾病,完全是因为她将自己禁锢在一个如此狭小的活动空间,以至于根本不能自如地站立和活动。她的精神状态实际上处在恐惧无知之中。

昆比说:"在这个坟墓中,她不懂人生的美好,错误的观念不断地捆绑着她,约束着她的行为,使她一步步走向死亡。"

当这位妇女询问他人有关《圣经》段落的解释时,别人的回答就像一块石头投在她的心湖上,激起阵阵涟漪,她开始渴望精神的食粮。这些精神食粮带给她安慰,带给她生命的活力。昆比医生诊断她的病情为思想阴影和停滞,这一状况不仅源于她自身的兴奋、激动和恐惧,还源于她在阅读过程中不能清楚明确地理解《圣经》的意义而产生的困惑。这个严重的情感障碍在生理上的表现就是她的身体残疾。

于是,昆比医生让这位妇女写下她是如何理解下面这段话的:

> 于是耶稣说:"我还有不多的时候和你们同在,以后就回到差我来的那里去。你们要找我,却找不着;我所在的地方,你们不能到。"①

她回答说,耶稣离我们而去,回到了天堂。昆比知道,她自己的错误理解就是她出现现在这种症状的原因。他对这位病人的症状十分同情,决心不让这位病人长期停留在充满恐惧的思想状态中。昆比认为,她需要"去找寻精神中的上帝",于是昆比重新解释了这段话。

这位妇女明白了,这话的意思并不是上帝离开了我们。上帝之所以对自己说"因此,我能去我想去的地方,而你不能",那是因为人类的信仰狭小局限,而耶稣的精神境界宽广无垠。昆比告诉她,耶稣其实与她同在,还引领着她畅游了思想的海洋,让她集中精神去思考神圣的观念,譬如活力、智慧、和谐。这些想法开始在患者身上发挥作用。

病人的祈祷和医生的解释瞬间产生了共鸣,改变自身的想法在她脑海中油然而生。她放下拐杖,奇迹般地站了起来!昆比说,这只是许许多多成功痊愈的病例之一。她在没有遇到医生之前,错误地生活于死亡的阴影之下,给她带来生命的真理无异于把她从死亡的阴影中解脱出来。昆比引用了耶稣死而复生的事例,来

---

① 《圣经·约翰福音 7:33~34》。

说明这位妇女身上产生的神奇效果,她的重新痊愈无异于她自己精神世界中的耶稣重生。他还解释说,她所接受的真理就是她自己的天使,它们搬走了恐惧、无知和迷信的大石块,为正确的想法开辟出了道路,使得她最后完全康复了。

## 命令疗法

潜意识力量会根据隐藏在话语后面的感情和信仰发生作用,只要我们认识到我们话语中具有重塑世界的力量。我们还可以加强这种力量,那样,我们对事物的信心就会随之增长,心理上的矛盾和纠结也会随之结束。

一个年轻的女人发现自己的生活中出现了一个年轻的男子,这名男子经常给她打骚扰电话,还强迫她去约会,而她很难摆脱。当他开始出现在她的工作地点的时候,她意识到,必须采取一些有效的措施来保护自己了。她决定使用命令疗法。她一天之内多次祈祷,把自己放在一个安静的状态中,不断地想着如下的命令:

这个男人必须待在自己的地方。我是自由的,他也是自由的,他和我没有任何关系。现在,我命令我的话语进入无限智慧的状态,产生现实的作用。

根据她的话,年轻人从她的生活中消失了。从那之后她再没有见过他。她自己说:"就好像他从这个世界上消失了一样。"

你定意要做何事,必然给你成就;
亮光也必照耀你的路。①

———————

① 《圣经·约伯记22:28》。

**要点回顾：**

1. 做一个心理工程师吧，使用前人反复验证过的正确方法，来重建一个伟大和成功的人生！

2. 你的渴望就是你祈祷的内容。想象你的渴望完全达成之后的状态，去真切地感觉它的存在。你一定会高兴地发现，祈祷得到了回应。

3. 你可以通过简单的方法实现目标——运用潜意识的精神力量。

4. 将你头脑中模糊的想法具体化，你可以得到完美的健康、成功和幸福。

5. 开始实践本书传授的方法，让你的内心承认你的愿望。意识和潜意识的无限智慧，都会给出一个直接回应。

6. 你脑海中的精神图画，都会成为潜意识加以实现的想法，也是尚未发生事物的预言。

7. 进行形象化的冥想，其效力抵得上大段的内心独白。你的潜意识将会力图实现由信仰支持的精神图画。

8. 在祈祷中要尽量避免运用意志力或者精神压迫。

9. 记住，一颗感恩的心总是对宇宙中的所有事物敞开大门。

10. 所谓确定，就是对事实或者观念进行陈述。只要在祈祷中坚持这种陈述，无论各种反面的证据多么有力，你的祈祷都能够得到现实的回应。

11. 通过思考自然之母的爱和光芒，你能够释放一种和谐、健康及和平的精神波。

12. 你坚信是对的东西，总有一天会到来。因此，坚持你对和谐、健康、和平和富裕的信念吧！

# 第七章　持续一生的潜意识功能

怎么找到宝藏？

其实，藏宝图就在我们内心。

向心灵寻找答案吧！

超过 90% 的心理活动属于潜意识思维。如果你不能有效利用这股神奇的力量，那你只能终身生活在一个很有限的范围内。

潜意识的活动会持续一生，并且随时贡献出自己的力量。你的潜意识建造了身体的结构，并且维持身体持续有效、充满活力地运转。潜意识每天工作 24 小时，从不间断。它总是能够给你提供帮助，并保护你远离危害。

你的潜意识同无限生命和无限智慧紧密结合，它们的刺激和想法也都是持续一生的过程。对一个伟大高贵的人而言，那些必不可少的志向、灵感和远见卓识都是从潜意识中迸发出来的。你最深刻的信念是那些你不能与之辩论的信仰，因为那些并不是你的意识，它们来源于你的潜意识。

你的潜意识通过直觉、冲动、灵感、暗示、愿望和想法同你交流，并进一步表现出来。它总是告诉你去提高、超越、成长、前进、去冒险，去朝着更高的高度努力。对于爱的渴望，拯救生命的强烈愿望，都来源于每个人的潜意识深处。例如，在1906年4月18日发生在旧金山的大地震和火灾中，许多已在床上瘫痪数年的病人和残疾人都成功地逃脱了灾难，他们从床上起身下来，不可思议地获得了成功。是强烈的愿望促使他们不惜一切代价保护自己，而他们的潜意识也回应了这一举动。

伟大的艺术家、音乐家、诗人、演说家、作家都善于调整自己的潜意识，善于激励自己，以变得更加有生气、更加成功。罗伯特·路易斯·史蒂文森（Robert Louis Stevenson）习惯在睡觉之前给自己的潜意识充电，他会用完成任务的故事来激励自己。当他银行存款很少的时候，他习惯于给自己的潜意识以心理暗示，让自己变得更加兴奋、更加具有市场敏锐度。史蒂文森说，他的深层潜意识智能会像连续剧那样，给他讲故事。这就表明，你的潜意识会通过你去吐露一些崇高而智慧的语言，而这些是你的意识并不知道的。

马克·吐温在许多场合都这样表示，他的工作从来不存在于现实世界。他所有的幽默，所有伟大的创作都来源于他的精神能力，就是激发他毫不疲惫地工作的潜意识。

## 身体如何控制思维工作

你的意识和潜意识的相互作用要求神经系统在相应器官之间也进行类似的相互作用。脑脊髓或者自主神经系统是引导意识起作用的器官，而非自主神经系统（植物神经系统）则是潜意识起作用的器官。

自主神经系统在脑皮层有自己的控制中心，并通过特定渠道发挥作用。你通过这个渠道接受意识感觉，并通过你的身体感觉和运动意愿控制你的身体活动。

非自主神经系统(植物神经系统),在大脑的其他部位有自己的活动中心,其中包括小脑、脑干和大脑中繁多的神经核团。这些器官和身体主要系统有自己的联系,用以支持它们的关键功能,甚至是意识没有注意到的功能。

两个系统可以独立工作,也可以协同工作。例如,当一个危险的感觉到达小脑的交换中心时,信息被发送到意识皮层和潜意识神经核团。个人的防御能力就开始针对危险进行回应,有时甚至在危险还没有被明确地意识到时就开始回应了。

简单说来,思维和身体的相互作用就是,意识领会到了自主神经系统中以电流形式存在的神经冲动的含义,与此同时,你的非自主神经系统会相应产生一系列类似的神经冲动。如此这般,自主神经系统中的想法便被传送到你的潜意识中。潜意识是一个具有无穷创造力的神奇媒介,经过它的中转,你的想法就变成了现实。

每个由你的意识考虑过、且被当做事实接受的想法,都是由大脑皮层传达到大脑的其他神经核团的。大脑支持你的潜意识工作,并在身体内做出反应,然后在现实世界中产生实际效果。

## 潜意识智能可以照料身体

当你研究细胞系统和器官结构,像眼睛、耳朵、心脏、肝脏、膀胱等器官的时候,你会发现它们由一组允许它们共同工作的智能细胞构成。它们能够依次轮流工作,在思想(意识)的暗示下,推断并执行本器官应该执行的功能。

仔细研究单细胞生物之后,你会了解,你复杂身体中的各个组织是如何工作的。虽然单细胞生物没有器官,但是,在它体内仍然存在意识活动及其相互作用,这种活动提供了行动、营养、吸收和消化的基本功能。

许多人认为,潜意识智能能够独自照顾好身体,某种程度上说的确如此,不过这种判断也并不完全正确。问题在于,意识总是在接受外界的表象,并干涉潜意识的进程,而潜意识却并不懂得意识判断的结果是否正确。这就导致我们的潜意识可能在错误的信仰、恐惧中摇摆不定。而一旦恐惧、错误的信仰通过心理影响在你的潜意识中生存发展,对于潜意识来说,除了重新给它提供一个有详细说明、可供执行的蓝图之外,就再没有其他方法能使它对健康的观念重新开放了。所以,潜意识的工作离不开意识的辅助。

## 潜意识为共同利益而持续工作

你体内的主观自我(也就是潜意识)会为了你的利益持续工作,这反映了隐藏在所有事物后面的内在和谐原则。你的潜意识有它自己的意志,它确实存在于潜意识自己的领域中。它日日夜夜工作,无论你运用它还是不运用它。它是你身体的建造者,但是你并不能看见、听见或者感觉到它的工作。它所有的工作都在悄无声息地运行着。你的潜意识有自己固定的生命,它总是朝着和谐、健康与和平运行。潜意识中还有一个神圣的行为模式,它无时无刻不在寻找着如何透过你来表达它的想法。

各个时代的伟人都拥有一个共同的伟大秘密,那就是他们都有能力获取和释放潜意识的力量。你也同样能够获得潜意识力量。

做一个头脑工程师吧!使用经过反复检验的可靠技巧,为你自己建筑更伟大、更辉煌的人生!

## 人类如何干涉内在和谐系统

为了更正确有效地思考,我们必须知道什么是"真理"。

你们必晓得真理，真理必叫你们得以自由。①

了解真理的过程，就是同无限智能及潜意识力量取得和谐一致的过程，而这个过程通常持续一生。

任何一个不和谐的行为或者想法，无论是因为无知或是有意为之，都会给你带来争论和困扰，都会限制你的自由。

科学家告诉我们，我们每 11 个月就能获得一个全新的身体，所以，从生理学角度说，每个人都只有 11 个月大。如果你不断地去重复那些恐惧、愤怒、嫉妒和病态的想法，那么，你就在身体中播种了缺点、过失或者瑕疵，你只能怨自己，怪不了其他任何人。

你自己就是你自身观念、信仰的大集合。你完全可以避免负面的想法和意向。摆脱黑暗的方法就是获得光明；战胜寒冷的方法就是增加热量；克服负面想法的方法就是用正确积极的思考去取代错误的思想。坚信正确积极的事物吧，所有坏的事物都会消失无踪！

## 为什么维持健康、有活力、强壮是正常的

世界上大多数儿童在出生时都是非常健康的，他们身体中的器官都能完美运作。这才是一个正常的状态，是我们每个人都需要保持的健康、有活力、强壮的状态。自我保护是人类天性中最强烈的本能，大多数时候它都潜伏于体内，有时也会明显地表现出来，它能够在身体内产生固有持续的作用。生命原则永远都在寻求保护，很多时候都会不自觉地体现出来，你的所有意识、想法和信念必须同更大的潜力一起才能发生作用，因此，你要让它们同你的内在生命原则保持和谐一致。它们遵循如下标准：正常的条件

① 《圣经·约翰福音 8: 32》。

下，它能够很容易地取得确定的主导地位，而异常的条件状况下则会遇到更多的困难和阻碍。

生病对于身体而言属异常现象。简单来说，生病就是你正在消极地思考自己，并且正在同生命的急流对抗。生命法则就是成长的法则。当成长出现的时候，那里就有了生命；当生命出现的时候，那里必有和谐；当和谐出现的时候，完美健康也就随之而来了。

如果你的想法能够同你潜意识的创造性原则和谐统一，你就能和内在的和谐原则取得完美的一致。如果你抱持着那些与和谐原则不一致的观点和想法，那么你就会被这些消极的想法缠住，它们将不断地骚扰你，让你忧虑，最终使你生病，如果它们足够强大的话，也许还会导致你的死亡。

在治疗这些疾病的时候，你必须增加真理的流入量，有意识地将整个系统中的潜意识力量分配好。消除了恐惧、焦虑、担忧、嫉妒、憎恨以及其他种种消极想法之后，你就会获得痊愈。不然的话，这些负面想法会撕碎你，破坏你的神经和腺体——这些身体组织的作用在于消除体内的所有废料，从而保持器官组织的纯净状态。

## 治愈卜德氏病

卜德氏病，也就是脊椎结核病，过去常常被认为是一种恐怖的儿童常患疑难病症。在印第安纳州的首府印第安纳波利斯市，有一位名叫费得瑞克·伊利斯·安德鲁的儿童就得了这种病。疾病使他全身瘫痪，不能自理，只能依赖双手和膝盖爬行。他的医生认为他没有痊愈的可能。安德鲁却不相信这一诊断。他开始祈祷。他创造了属于自己的祈祷词，每天都重复很多遍，并在精神上消化吸收他所需要的内容：

我是一个健全、完美、强壮、有力量、有爱心、和谐统一、幸福
的人。

　　每天晚上睡觉之前,他都做这样的祈祷,在早晨醒来之后也是
如此。他同样也为其他人祈祷,通过祈祷他发出了爱和健康的
讯息。

　　他一直坚持着这一思想态度和祈祷方法。最终,他的信念和
坚持得到了巨大的回答。当恐惧、愤怒、嫉妒、怨恨的想法引起他
的注意时,他就立刻开始重复祈祷的内容,从而同这些消极的想法
展开斗争。他的潜意识回应了他关于健康、自然的想法。最终,他
获得了健康,变成了一个强壮、正直、身体健全的人。

　　这也是《圣经》中这一句话所蕴含的道理:

　　耶稣说:"你去吧,你的信救了你了。"瞎子立刻看见了,就在路
上跟随耶稣。①


## 信念通过潜意识使人痊愈

　　有一次,一个患严重眼疾的年轻人来听我关于潜意识治疗作
用的讲座。他的眼科医师告诉过他,他的眼疾只有通过一个极其
精细然而危险的手术才能治好。在了解了祈祷的科学基础之后,
这位年轻人对自己说:"我的潜意识能够治愈疾病,它能够治
好我。"

　　从那之后,每晚入睡之前,他都会让自己进入一种昏睡的、冥
想的状态,这是一种类似睡眠的状态。他的注意力静止不动,关注

_____

　　① 《圣经·马可福音10:52》。

在眼科医生的身上。他想象着眼科医生就在他前面,他似乎能够听见,也许仅仅是想象中听见了,医生对他说:"奇迹发生啦!"几乎每天晚上睡觉之前,他都要一遍遍地重复想象医生对他说这句话的情景。

3周以后,他又约了眼科医师进行眼部检查。医生仔细地反复检查了他的病症,然后宣布:"奇迹发生啦!"

奇迹到底是怎样发生的呢?事实是,这个年轻人把眼科医生作为一个工具,或者说是作为传递和确信想法的手段,从而在自己的潜意识中刻上烙印。通过反复重复自己的话,确定自己的信念,建立对于重新获得健康的期望,他成功地将这些想法传达给了潜意识,潜意识在他的身体内构建出正常眼睛的蓝图、完美健康的结构。所以,是他的潜意识治愈了他的疾病。这是另外一个潜意识通过信念使患者恢复健康身心的事例。

**要点回顾：**

1. 你的潜意识是你身体的建造者，它每天工作 24 小时，从不间断。你的负面想法会干涉到它赋予生命的方式。

2. 给你的潜意识充电吧，睡前去冥想任何可能的问题，这之后，潜意识就会回答你的问题。

3. 照顾好你的想法。每个你认定是真实的想法都会通过意识表皮传送到潜意识脑结构，从而作为事实进入你的现实生活。

4. 你要知道，你能够给潜意识一个新的蓝图，继而彻底地改变自己。

5. 潜意识的活动会维持一生。你要做的就是形成良好的使用意识。用完全正确的事实去填充你的潜意识，因为，你的潜意识总是根据你的思维习惯去生成各种各样的想法。

6. 每 11 个月，你都会获得全新的身体细胞。你能够通过改变你的想法持续改变你的身体。

7. 对于身体来说，保持健康是一件正常的事情，生病是身体的功能出了问题。在身体内，总有一个内部和谐原则来保证身体各项指数的平衡。

8. 嫉妒、恐惧、焦虑和担心的想法可能会将你的神经和细胞撕成碎片，破坏你的各种身体机能，造成你精神和肉体上的各种疾病。

# 第八章　怎样能达到目标

如果你的思想是明智的，你的决定肯定会是明智的。

许多人的祈祷是没有结果的，因为他们并不完全了解潜意识的工作机制。当你了解你的内心是怎样工作的时候，你就会变得更有信心。你必须记住，一旦你的潜意识接受了某个想法，它就会立即将该想法付诸行动，它会动用你内心深处的所有力量来达成目标，不管这个想法是好还是坏。因此，如果你消极地对待潜意识，那它就只会让你深陷麻烦之中；而如果你能积极地对待它，它就会引导你走向自由与安宁。

如果你的思维积极健康又极富创造性，你就可以克服困难，去体验你梦寐以求的成功。你的潜意识为达成目标会全力以赴。坚定不移地将心中的所思所想传达给潜意识，好的结果就会在前方等着你。

不管什么时候，只要你强迫你的潜意识来做某些事情，你肯定没法儿成功。结果将会远远偏离你的期待。

你失败的原因可能是因为下面这些消极思想：

- 事情越来越糟糕。

- 我不可能有结果的。

- 我觉得无路可走。

- 我不知道该做什么。

- 我太迷茫了。

当你有以上的想法时,潜意识将不会做出反应,就像驻守原地的士兵在静待时机一样。换句话说,你在追求目标的道路上将会毫无进展。就像你乘坐出租车一样,你给了司机六个不同的方向,这时司机就会很迷惑。他可能不拉你而让你下去。即使他试图按照你的吩咐做,他也没法儿带你去你的目的地。

潜意识的运用与此相似。你必须清楚你该干什么,必须要有一个明确的决定。只有潜意识中的无穷智慧才知道答案。当你在潜意识中得到明确的结论时,你也就下定决心了,而一旦下了决心,所有的目标都很容易达到。

在一个寒冷的冬季,有位房主火炉坏了,于是他呼叫修理工,修理工立马到了,并且在半小时之内就修好了火炉。修理工向房主索价200美元。

"什么?"愤怒的房主大声嚷嚷道,"我并没浪费你一点时间啊,你所做的只不过是换了一个很小的零部件。这玩意不到5美元,你怎么胆敢向我要200美元?"

修理工耸了一下肩说道:"坏掉的零件我只向你索要2美元,这是我必须要付的钱。"

房主在修理工的脸旁挥了挥票据,"2美元? 这里可说的是200美元!"

"这就对了",修理工说道,"另外的198美元是我发现问题所在并弄清楚怎么修理它的费用。"

你的潜意识也是一位出色的修理工，他是全能的，知道怎样才能治愈你身上的每一个器官，也能帮你解决事务纠纷。祈求健康吧，你的潜意识就会让你健健康康，当然放松是关键。

不用焦急，不要去关心那些琐碎的细节，只要知道结果就行了。像健康、金钱、就业这些方面的问题，只要能好好感受下满意的结果就行了，你过去是怎么摆脱顽疾恢复健康的，那就记住那种感受吧。切记，你的感受是你整个潜意识活动的试金石。对于新的想法，要怀着当下正处于成功之中的心情去感受，不是过去了，也不是将要发生，而是正好就在当下发生着。

使用想象力，而不是意志力。

发挥潜意识的作用，不要特地让意志力去干扰它。要想象着事情的结果，感受那种自由自在的状态。你会发现，你的智慧总是把方法强加给潜意识，而这反而阻碍了你。

要保持一种单纯的，孩子式的，异想天开的信念。想象自己没有任何麻烦缠身，感受绝对自由的快乐，排除一切杂念。请记住，所有的一切，越简单越好。

有一种让潜意识产生回应的巧妙方法，就是进行反复的观想。观想是想象的一种，不过这种想象不同于其他想象，它要具有明确清晰的细节，要让人觉得仿佛就像真的一样。要让想象细节清晰到这样的程度，必须通过反复的练习才能达到，而一旦你能够真切地想象和感受你的目标，你便可以放心相信你的潜意了。它是你身体的建造者，它控制着所有的身体机能，会引领你实现心中的目标。

## 反复观想所带来的奇迹

反复的观想是让潜意识发挥效力的好方法之一。就如我们之前讲的一样，潜意识是你身体的设计师，它控制着你身体机能的各个关键进程。

你们祷告，无论求什么，只要信，就必得着。①

所谓"信"，就是将某种观念当作事实加以接受，并让这种"观念中的事实"深入到生活的方方面面。当这样的观念持续存在于你的思绪中时，你一定可以享受到祈祷得到回应的喜悦。想象力是最为强大的能力之一。你是你内心所想的外在反映，所以想象那些可爱和美好的场景吧！

## 成功祈祷的三个步骤

成功的祈祷需要三个步骤：

1. 坦然面对现实问题；

2. 将问题交代给潜意识，潜意识会高效地寻找到解决问题的方法；

3. 带着问题已经解决的坚定信念进入梦乡。

怀疑和犹豫都会削弱你的祈祷效力。千万不要用这样的语气进行祈祷："我多么希望我能够恢复健康啊！"或者"但愿我的祈祷能够有效吧！"你怀疑的语气为你的祈祷设下了负面的基调。那么，你又怎能指望潜意识在这种负面基调下去实现美好的愿望呢？

和谐和健康的生活都由你自己的内心掌握着。当你的内心变成了治愈力发挥作用的载体时，你的祈祷就会有效。怀着坚定的信心向你的潜意识传递健康的想法，然后放松身体，把你的身体交给治愈的力量，向恶劣的生存环境说再见。通过放松和自我说服，

---

① 《圣经·马太福音21:22》。

健康的想法渗入到了潜意识之中,潜意识的治愈力量将接管你的身体,将想法变成现实。

## 为何有时越祈祷越糟糕

爱弥尔·库艾(Emile Coue)是法国著名的心理学家,他在美国也广受欢迎,演讲场场爆满。他发现了一个非常重要的原理,人们称之为"反转定律":

当你的想象和愿望相互冲突时,你的想象力总是能够占据主导地位。

假设屋子中央的地板上有一块厚木板,你肯定能够轻而易举地在木板上走来走去。但是如果这块木板的两端搭在两堵墙上,悬在 10 米的高空,你还能轻而易举地走过去么? 仔细想象一下再回答这个问题,还能么?

绝大多数人都会告诉我不能。你想要走过去的愿望和你跌下木板的想象相互冲突。你想象着不慎踩空失足跌落到地上的情景,即便你希望自己能够走过去,可是你的想象却阻止了你正常发挥能力。你越是试图压抑想象,跌落木板的想象反而越得到强化。

诸如"我将运用我的意志力战胜失败"这类想法,只会强化你的失败。这类型的精神活动常常导致自我否定,带来你最不想要的结局。如果把注意力集中于意志力的运用上,那么被强化的只是你的无力感。就好比你下定决心,迫使自己不去想象一只绿色的河马,可你的决心恰恰让绿色河马的形象占据了你的思想。如果你的愿望和想象拥有相反的观念,潜意识只会接受较强的那一个。

也许你会时常产生如下的想法:
● 我想要恢复健康,可是为什么我办不到呢?

- 我这么努力,为什么我得不到我想要的?
- 我必须强迫自己加倍努力。
- 我必须运用意志的力量,全力以赴。

或许你已经发现问题出在什么地方了。你太过努力了!永远不要运用意志力去强迫潜意识接受某种观念,这么做的结果只能是失败。这样的事情我见得非常多,人们夜夜祈祷可是却事与愿违,原因就在于他们太"努力"了。

你自己是否经历过这样的事情呢? 如果是,你必须得好好反省一下。可能你花了很多的时间学习和复习考试材料,你觉得你已经弄懂了其中的原理。可是,当你面对一张空白的试卷时,却常常发现大脑一片空白,所学的知识消失得无影无踪。你试着回忆,却一无所获。你咬紧牙关绷紧了全身的肌肉,试图运用意志的力量找到回忆的线索,可是你越是努力,那些知识要点就越是杳无踪迹。带着满身的疲惫和挫折感,你离开了考场,精神压力也随之减轻。刹那间,所有问题的答案一股脑地涌上心头,你发现自己其实知道所有的答案。可是,在考场上的关键时刻,你确实没能够答出来……

你的错误就在于太过用力回忆。根据反转原理,你越是用力,越是不可能成功,越可能事与愿违地失败。

## 必须解决愿望和想象的冲突

运用意志力解决问题时,人们习惯于预先假定存在着和愿望相违背的情形。而往往正是对这些情形的想象,带来了事与愿违的结果。如果你的注意力集中在实现目标的障碍上,那么你的注意力就不可能集中在实现目标的方法上面。

《圣经》上说:

我又告诉你们：若是你们中间有两个人在地上同心合意地求什么事，我在天上的父必为他们成全。①

在这段话中，"你们中间有两个人"代表什么呢？代表的是你的意识和潜意识在某些观念上达成的和谐共识！如果你内心的各个部分对于某个问题毫无分歧，你的祈祷就会实现。当然，"你们中间有两个人"也可以代表内心的想象和愿望、观念和愿望、想法和情感等既各自独立又相互联系的部分。

通过以下方法，你可以避免愿望和想象之间的冲突。首先，让自己进入一种朦胧欲睡的状态，这样便能让意志的力量降到最低，意识的影响力也大大减弱了。塑造你潜意识的最佳时机就在这一刻，也就是你快要入睡的时候。在这种状态下，负面想象对潜意识的影响力也不复存在。这时，你开始想象成功的喜悦场景，潜意识就接受这些想象，并开始将其变为现实。许多人通过反复想象来解决难题。他们知道，想象、感受什么，那么所想所感的事物就必然会到来。

有一个叫莎拉的年轻女人，她来找我的时候已接近绝望状态。她被卷入一个复杂的案子中，而法院不断地宣布判决延期，整个案件似乎没有尽头。她最深切的愿望就是早日了结此案。然而，她的想象中却满是失败、损失、破产和贫穷这类东西。她的想象掩盖了她的愿望，案件处于无限拖延之中。

根据我的建议，莎拉每天晚上都让自己进入一种昏睡状态，然后开始想象案子的最好结果。她知道，现在自己的想象是同内心的愿望一致的。

随着意识逐渐模糊，她开始生动地设想一次可能的会议。案件结束后，她同她的律师坐在一起，她听见自己问律师有关结果的

---

① 《圣经·马太福音 18:19》。

问题,并且听到了他的解释。她听见他反复地告诉自己:"这个案件已经庭外和解了。真是完美。"

那天,当恐惧又一次袭来时,莎拉就开始想象她同律师的会议,仔细地想象每一句话、每一个动作。她仿佛看到律师微笑着,动作优雅,用词精准。她虔诚地想象着这一场景,当恐惧袭来的时候,她甚至能够分辨出那是恐惧的想法。

几周过去了,她的律师给她打了电话。她反复想象和感觉到的事终于在律师口中得到证实。案子像她想象的一样完美解决了。

确信就是一种完全相信的精神状态。记住,无论反面证据显得多么有力,你都要在思维中坚持你所确信的目标,如果这样祈祷,你的难题定能解决。

**要点回顾：**

1. 精神上的强迫或者不合时宜的努力,会生出焦虑和恐惧,那会阻碍你得到正确答案。祈祷要简单轻松。

2. 如果在精神放松的时候接受了某一想法,潜意识就会相应地执行这个想法。

3. 独立地思考和计划。要牢记,每一个问题总有其解决之道。

4. 不要过分担心你的身体健康。充分地依靠潜意识,反复地强调健康的观念,正确的行为正在发生。

5. 健康的感觉会产生健康,富有的感觉会产生富有,你的感觉呢?

6. 想象是你最有力的同伴。多想着可爱善良的人。你想象自己是什么样的人,你自己就是什么样的人。

7. 在睡眠状态中,你需要避免意识同潜意识的冲突。在睡前反复想象你的愿望得到了满足。在安静中睡去,在愉悦中醒来。

# 第九章　如何运用潜意识致富

你可以通过运用万无一失的潜意识力量简单地致富。要是你想靠每天挥洒汗水去积累财富,那恐怕你要到了坟墓里才能成为一个富人。

如果你正经历着财务危机,如果你正在努力做到收支平衡,那就意味着你并没有告诉你的潜意识,你总会有足够多的财物去与人分享。你也一定知道,有一些人,他们每天只工作几个小时,但却收入不菲。不要认为拼了老命地像奴隶一样去做苦工,才能够积累财富。事实上,轻松的生活才是最好的生活方式。如果想感受工作带来的狂喜,你应当尝试做自己喜爱的事情。

我认识一个来自洛杉矶的主管,他的收入达六位数。去年,他花了九个月时间乘船游览世界各地的名胜风景。他说,他成功地说服了自己的潜意识,他告诉自己,他本身就值这么一大笔钱。他告诉我,在公司里,有一些人知道的商业信息比他多,或许还能更好地经营公司,但是,那些人的薪水却仅仅是他的十分之一。他们缺少的是足够的野心和有创意的想法。他们对自己巨大的潜意识能力一无所知。

## 思维就是财富

财富最终不过就是一个人在潜意识中确信某件事情。反复地告诉自己"我是个富翁，我是个富翁"，并不会使你真正地成为一个富翁。只有在你的意识中植入富裕的想法，你才能够真正在意识层面成为一个富翁。

## 借助无形的支持手段

大多数人遇到困难是因为他们没有借助无形的支持方法。当商道败落、股票下跌，或者投资失败时，大多数人看起来都十分无助。这种安全感的缺乏，来自于他们不知道如何开发和运用潜意识的力量。他们尚未习惯潜意识储存室中的无穷能量。

一些人脑中已深深烙上贫穷的印记，因此他们的生活不时被贫穷侵袭。然而，另外一些人的头脑中却充满致富的观念，他们也因而获得了一切所需之物。我们生来就不应该过着贫穷的生活。你可以富有，也可以尽情同人分享财富。你的话语充满力量，能够洗清头脑中的错误观念，并且逐步获得正确的观念。

"没有足够的地方扩展了"、"没有足够的东西啊"、"因为我付不起分期付款，所以我就不能获得这个房子了"等等，当你这么对自己说的时候，你对未来充满了恐惧，这就等于你正在反复强调负面条件。因此，潜意识也就接受了你的负面想法，而随着你的祈祷，它们最终会变成你生活中的种种障碍。

## 建立财富意识的理想方法

读了这一章,你也许会默念:"我需要财富和成功。"这就是你需要做的事情:每天花五分钟重复三到四遍,反复对自己说"财富","成功"。不要小看这两个词,它们代表着潜意识的内在力量。把你的意识同你体内的无穷力量牢牢地绑在一起,然后,同话语的本质相配合的环境就会出现。你不能仅仅只说"我是一个富人",在这样说的同时,你还要一直想着发挥内心的真正力量。当你说"财富"的时候,你的脑海中不能有任何冲突和不快。然后,随着你那些关于财富的想法,财富的感觉也会在你内心深处渐渐升起。

财富的感觉会产生财富;你需要一直保持这种想法。潜意识就像银行,无论你在其中存入或者印上什么内容,无论你祈求贫或富,它都会放大你的想法。祈求财富吧!

## 祈求财富失败的原因

这么多年以来,我也遇到过许多人,他们常抱怨说:"我说了几周、甚至几个月了,'我富有,我发达',但是啥也没有发生啊。"我发现,当他们对自己说"我富有,我发达"的时候,其实,他们的内心却感觉到自己正在说谎话。

一个人告诉我:"我一直确认我富裕发达直到我都退休了。情况不但没有转好,反而变得更糟。其实在我这么说的时候,我就知道它不是真的。"他的祈祷被自己的意识拒绝了,他表面上确认的事情朝着相反的方向发展,并最终影响了他的生活。

你的祈祷必须足够具体,并且不和思维产生冲突,这样,祈祷才能够发挥出最大的功效。上面提到,那个男人的陈述使事情变得糟糕,就是因为他的祈祷暗示了他的不足。只有你真正地感觉到一件事情是真的,那么,潜意识才能够接受它,而不是说,你仅仅重复一些词或者句子,潜意识就接受了。占统治地位的观念总是会被潜意识接受的。

## 如何避免思维冲突

对于那些在统一思想方面有困难的人来说,下面的方法可有效避免冲突。比如,你可以在睡觉之前,频繁地练习下面的祈祷:"我的生意每天都蒸蒸日上。"这个论断就不会引起任何争论,因为它和你潜意识中缺少资金的印象并不矛盾。

我曾遇到一位商人,他的生意一度陷入停顿,他为此忧心不已。我建议他在办公室里坐下,安静地重复下面这段话:"我的销售额每天都在增长。"这个陈述增强了意识同潜意识的合作,他期望的结果终于发生了。

财富最终也不过就是一个人在潜意识中确信某件事情。在你的意识中植入富裕的想法吧!

财富其实来源于你头脑中的想法,你的想法说不定价值百万。而潜意识会带给你寻找已久的那些想法。

也许正是你的意识阻碍了你获得财富。只要同潜意识建立了良好的精神关系,你就能够一扫那些阻碍你获得财富的负面情绪。

## 潜意识合成财富

对于那些感觉到财富的人,财富便会源源而来;对那些感到贫苦的人,贫苦就会如影随形。你在潜意识中储存什么,它就会将其复制和扩大。每天早上醒来的时候,在意识中储存繁荣成功、富裕和平这些想法吧! 不断地重复这些想法,尽可能一直想着这些,这些有建设性的想法就会自动地储存到你的潜意识中,并最终带来富足和繁荣。

## 为什么"啥都没发生"

我好像能够听到你在抱怨:"噢!我确实这样做了,可是,啥也没发生!"你没有获得任何结果,完全是因为,也许就在祈祷 10 分钟之后,你就开始不停地想各种负面的东西,而这些当然中和了你已经确认过的正确想法。你要知道,当你在土地上播种了一颗种子,你不能马上就用铁锹把它挖出来。你需要让它在土壤里生根发芽。

举个例子,你设想一下,如果你正要说:"我会交不上分期付款了。"那么,在你说"我会——"的时候,就不要说下去了。把这句话改成富有建设性的句子吧,比如,"我将获得全方位的富足。"

## 财富的真实来源

潜意识从不缺少想法。每天,都有无数的想法时刻准备好要进入你的意思层面,就像你口袋里数不过来的现金一样。无论股票市场是涨是跌,无论欧元美元升值还是贬值,这个思维过程都一定会在你脑海中发生。你的财富从来不取决于债券、股票或者银行存款,它们仅仅是象征而已——当然是必须的也是有用的,但是,也仅仅是象征而已。

这里,我想要强调的是,如果你确实能说服你的潜意识,去相信那些财富属于你,那么,你总会拥有那些财富的,无论它将以何种形式出现。

## 收支平衡以及导致贫穷的真正原因

许多人抱怨说,他们总在努力地维持着收支平衡,他们似乎更需要同自己的责任斗争。你是否听过这类话? 许多情况下,这类对话沿着这样的发展方向。他们不停地指责那些已经在生活中获得了成功的人。也许他们会说:"哦,那个家伙从事非法勾当,他一无是处,他是个罪人。"

这就是他们生活贫穷的真正原因。他们不停地指责那些他们希望获得的东西。他们之所以批评那些成功的人,是因为他们嫉妒。赶走财富的最快方法,就是不停地指责和批评其他比你富裕的人。

## 阻碍财富的绊脚石

生活中,许多人都有着某种导致财富缺乏的情感,但是有些人却采用了最消极的方式,那就是嫉妒。比如说,在银行里,你看见竞争者存了一大笔钱,而你只有少得可怜的一点存款,你会嫉妒他吗? 克服嫉妒的方法就是对自己说:"这种情况不是太好了吗? 那个人那么有钱,连我也跟着高兴! 我希望他越来越富有。"

以嫉妒他人来获得愉悦,这种情况对你的打击是毁灭性的,因为你正把自己放在一个负面环境中。因此,财富从你身边溜走了,而不是流向你的身边。如果你曾因为他人的富有而心烦,那么,马上告诉你自己,你衷心地希望他人能够获得更多的财富。这会中和你思想中的负面意识,而且通过潜意识法则,财富将会进入你的生活。

## 清除阻碍财富的思想

如果你正在为某人用欺骗手段赚钱而感到担忧,那么,停止为他担忧。因为,如果你的怀疑是正确的,那么你必然知道这样的人错误地使用了潜意识。潜意识法则迟早会在他身上起作用。要记住,不要去批评他,原因在前面已经讲过了。记住:财富的绊脚石就在你的头脑中。你能够自己破除这个思维障碍。你要做的是在他人的繁荣富足中获得喜悦。

## 睡眠和财富

夜晚入睡前,可以尝试练习以下技巧。带着感情,安静地、轻松地重复"财富"这个词。反复地重复,就像唱着歌谣一样。不断重复"财富"这个词,直到自己安静地睡去。你会发现结果十分惊人。财富会像雪崩一样滚滚而来。这也是潜意识神奇力量的另一生动事例。

不要把赚钱当成惟一的目标。为每一个人祈祷财富、幸福、和平、真诚、爱、个性发展和善意吧!然后你的潜意识就会在你需要的各个领域,帮助你达成凤愿。

**要点回顾：**

1. 你可以通过运用万无一失的潜意识力量简单地致富。

2. 要是你想通过每天挥洒汗水去积累财富，那恐怕你要到了坟墓里才能成为一个富人。你不需要拼了老命像奴隶一样地去做苦工。

3. 财富最终也不过就是一个人在潜意识中确信某件事情。在你的意识中植入富裕的想法吧！

4. 大多数人遇到困难是因为他们没有一个无形的支持方法。

5. 每天睡前花五分钟，安静地慢慢地重复财富这个词；潜意识就会为你带来相应的财富。

6. 财富的感觉会产生财富。因此，不断地保持这种想法吧！

7. 意识和潜意识必须保持一致。你的潜意识接受你感觉是对的事物。占统治地位的观念总是会被潜意识接受。而在你脑海中占统治地位的观念应该是财富，而不是贫穷。

8. 通过反复地确认"我的生意每天都蒸蒸日上"，你能够克服任何有关财富的思维冲突。

9. 通过反复地念诵"我的销售额每天都在增长；我正在进步；我每天都变得比以前更富有"，你就能增加你的销售额。

10. 停止重复消极的想法吧，像"没有足够的地方扩展了"、"没有足够的东西啊"等等，这种论断最终会导致你的经济损失。

11. 在你的潜意识中储存繁荣兴旺、富足成功这类想法吧！你终会得偿所愿。

12. 你有意识地确认什么，那么，你就一定不能立马有意识地否认你的想法。否认会中和你已经确认的那些好的想法。

13. 财富的真正来源是你头脑中的那些想法，你的想法说不定价值百万。而潜意识会实现你的夙愿。

14. 嫉妒是财富的巨大阻碍。你需要在其他人的繁荣富足中获得喜悦。

15. 也许正是你的意识阻碍了你获得财富。通过同潜意识建立良好的精神关系，你就能够将那些阻碍你获得财富的负面情绪一扫而空。

# 第十章　富足的权利

> 你的意识和潜意识都接受你的信仰。每个人的思想都有一个主题,而潜意识通常会接受这个主题。我们要让富裕和财产成为自己的思想主题。

过上富足的生活,是我们每个人的基本权利。你来到世上的目的就是过上富足的生活,活得快乐又自在。所以,你应该拥有足以让你过上富足快乐生活的金钱。

既然你可以利用潜意识致富,那为什么还要满足于"够用就行了"呢?你可以学着和朋友分享金钱,这不仅不会使你贫穷,反而会使你日益富有,你之所以想有钱,就是因为你觉得有了钱可以过一种更幸福更美好的生活。这是一种天性,相当美好的天性。

## 金钱是一种象征符号

金钱是一种符号,这种符号可用于商品交换。作为一种象征,几个世纪以来金钱的媒介各有不同。历史上，几乎任何你想象得出的东西都曾作为金钱被使用——金和银是当然的，还有盐、珠子和各种各样的小饰品。较早的时代，人们的财富经常是由他们所拥有的牛羊数目来决定。现在，我们使用货币和流通票据。原因很明显，填一张支票比随身带几头羊要方便得多。

对我们而言，金钱不仅仅意味着摆脱贫穷，它更是美丽、精致、富足和奢华的象征，同时还是一个国家经济繁荣的象征。当血液在体内自由循环时，你的身体是健康的；当金钱在你生活中自由循环时，你的经济是健康的。当人们开始贮藏金钱，把它收进锡罐里并忍受恐惧的时候，他们的经济开始不健康起来。

## 你为什么没有更多钱

有一次，一个人跟我说："我破产了。但是没关系。我不喜欢金钱。它是万恶之源。"这种话表现了一种神经质的错乱，其实这位先生的破产并不是金钱的罪恶品质导致的。

当你阅读本章节的时候，你可能会想："我应该拥有比我现在更多的收入。"在我看来，对大部分人来说确实如此。他们确实应该拥有更多——但是他们不可能获得它。这些人没有更多钱的重要原因之一，就是他们一直在或无声或公开地谴责它，他们把金钱称作"肮脏的钱财"，他们告诉自己的孩子和朋友"对金钱的喜爱是所有罪恶的根源"。另一个原因在于，他们隐隐觉得，贫穷是高贵的，而富有是低级肮脏的。这种心理认识可能源于早期的儿童教育。

不要再批判金钱。不要再对金钱存有偏见。不要再把它看作是万恶之源。如果你这样认为，它就会展开翅膀飞走。记住，你会失去你所谴责的东西。你无法吸引你所批判的东西。

## 对金钱持正确的态度

这里是一个简单的技巧，你可以用来增加财富。每天重复几次：

我喜欢钱，我也爱钱。我将明确地、富有建设性地使用它。在日常生活中，我拥有可以随意支配的金钱，这股资金流来去自如，而且不断增长，钱是非常美好的事物，它像雪崩一样滚滚而来，但是我只把钱花在有意义的事上。我对我内心的美好和富有感激不已。

## 思想家们怎样看待金钱

假设你发现了大量的金矿、银矿、铅矿、铜矿或铁矿什么的，你会说这些东西是邪恶的吗？当然不会！所有的罪恶都来源于人类的误解，来自无知，来自对生活的误读，来自对潜意识的误用。

既然金钱只是一种简单的符号，我们同样可以轻易用铅或锡或其他金属作为交换的媒介。在 20 世纪早期，美国 10 美分和 25 美分的硬币是用银来制作的，那时，它们确实包含价值 10 美分或 25 美分的银。后来，政府开始用更便宜的金属制作硬币，但是 25 美分的硬币仍然值 25 美分，即使用于制作它们的金属价值远远低于 25 美分。

物理学家将会告诉你，一种金属与另一种金属之间仅有的不同在于它们的原子里所含基本粒子的种类和数量。如果你用一束粒子撞击一堵金属墙，你就可以把它变成另外一种粒子。古代的炼金术士们将普通金属变为金子的梦想，现在已经能用科技实现了。但是这又如何？金子并不比铅更贞洁，或者更邪恶。他们是有着不同属性的不同物质,仅此而已。

和铅相比,人们喜欢或憎恨金子,仅仅是因为在漫长的历史中金子被认为特别地珍贵。

## 金钱和平衡的生活

如果你爱的只有钱,那你的生活就被扭曲了,有人爱权,有人贪钱。如果你一心想着"钱就是我的终极目标",这样你也许也能搞到钱,但你却忘了,你需要的是一种稳定的生活。你需要内心宁静,你需要爱、音乐、健康,你不仅仅是为了钱而活着。

如果你把挣钱当做人生的惟一目标,你就选择错了。一开始你就跪倒在金钱脚底下,当你有了钱以后,你就会发现这并不是你想要的一切。你还想施展你的才华,实现自我,以及享受助人为乐的喜悦等等。而一旦学会潜意识的规律,你若想有钱,就会有钱,并且你还能保持内心的平和安宁,你的才华也能得以自由发挥。

通过经常重复"日日夜夜我都在我所有的兴趣上成功",你可以克服任何矛盾的财富观。

羡慕和嫉妒是财富流动的绊脚石。应当为他人的成功感到高兴。

不要再使用"肮脏的财富"这个词,也不要再说"我鄙视金钱"。你会失去你批判的东西。对金钱本身来说,并不存在什么善与恶,只是两种角度的看法使它如此。

## 怎样吸引所需的金钱

很多年前,我在澳大利亚遇到一个年轻人,他告诉我他梦想成为内科医生。他正在学习科学方面的课程而且成绩突出,但是他父母双亡,无力支付医学院的学费。为了自立,他给当地医院打扫卫生。我向他解释说，一粒种子若被埋在土里，就会把成长需要的所有东西都吸引向自己，为的是在合适的时机破土而出。他需要做的，是向种子学习，把需要的思想种到他潜意识里。

每天晚上，当这个年轻人想睡觉的时候，他就会想象出一个用大号的粗体字写着他名字的医学文凭。他发现想象一张清晰详细的医学文凭是很容易的事情，因为他工作的部分内容就是给挂在墙上的用相框装起来的文凭除尘并打蜡，而他清洁的时候就顺便研究它们。

四个月里，他每天晚上都坚持使用这种想象的技巧。之后，在他打扫卫生的办公室，有一个医生问他愿不愿意成为内科医生助理。这个医生资助他参加了一个训练项目，让他从中学到了很多医学技能，然后又给了他一个助理的工作。由于被这个年轻人的勤奋所深深打动，医生最后决定资助他上医学院。今天，这个年轻人已经成为加拿大蒙特利尔地区的杰出医生，受到了同行和病人的广泛赞誉。

这个年轻人的成功，是因为他学到了吸引力的法则。他发现了该怎样正确使用潜意识。这涉及到一条古老的定律，即："清晰地看到结果，你就会竭尽全力达到结果。"这个事例的结果是成为内科医生。他能想象、看到并感受到成为医生的现实性。他靠意志生活。最终，通过他的形象化方法，意志渗透到了他的潜意识之中，变成了坚定的信仰。最终，这信仰把他实现梦想所需的事物都吸引向他。

一旦你理解了潜意识的力量，你就清楚了通往财富的金光大道——无论是精神上的、智力上的或财力上的。意识取之不尽，用之不竭，完全不用考虑经济危机、股市波动、经济衰退、罢工、剧烈的通货膨胀甚至战争的威胁。

## 为什么有些人无法涨工资

我们假设你在一家大公司工作。你觉得自己的工资太低。你恨自己不能获得老板赏识。你经常觉得你应该拥有更多钱和更多认可。

如果你在思想上和自己的雇主对立,那么,你也就在潜意识里割断了和那个组织的联系。你假设了这样一个过程。然后,某一天,你的上司告诉你:"我们应该让你走。"实际上,是你自己开除了你自己。你的上司仅仅是作为一个工具行动,通过他,你的消极情绪得到了确认。这是作用力和反作用力规律的一个例子。作用力是你的思想,而反作用力是你潜意识的回应。

## 通向财富之路的障碍和阻碍

时不时地,你可能听到某些人说:"赚大钱的人都是骗子。"

那些这样说——和这样想——的人通常都没有什么钱。可能他还在仇视和嫉妒以前的朋友所获得的成功。如果是这样,这个人正给自己制造困难。对那些成功的朋友持有消极看法并批判他们的财富,这会导致失败和破产。你愿意和谴责你的某个人待在一起吗?当然不会。财富也是如此。这个人将它祈祷得到的东西赶跑了。

## 保护你的投资

如果你正在寻求投资指导,或者你正担心你的股票或债券,那么静静地说:"无穷的智慧正管理并照看着我所有的金融交易。不管我做什么都会兴旺。"如果你经常这样做,满怀信心,你将发现你会被引导作出明智的投资。甚至,你会受到保护而远离损失,因为在任何损失来临之前,你就会被提示卖掉那些有风险的证券或股票。

## 你不可能在没有付出的情况下得到回报

在大型超市,管理人员雇佣保安来防止被盗。每天,他们都会抓到一些想不劳而获的人。这些人都深深陷入了一种严重局限的精神状态之中。为了偷到东西,他们渐渐失去了平和、安宁、信任、忠诚、团结、善良和自信等品质。

更为重要的是,他们的这些行为传递给自身潜意识的是一连串精神上的迷失:没有了人格,没有了威望,没有了社会地位,也没有了内心的安宁。我不知道这些人的内心是怎么运作的。他们在自我给予方面缺乏信心。只要他们能够正确呼唤出潜意识的力量,他们就能获得工作,过上富足的生活。然后,他们就可以通过忠诚、团结、坚忍不拔等意志品质向自己和社会传递出可靠的讯息。

## 你持续稳定收入的源泉

正确认识自己的潜意识,认识自己的创新能力是你通往自由安逸和物质充足的必经之路。接受一种自我精神上的富足生活吧。你在精神上对富足的接受和期望,会让你在生活中得到相应的回报。只要你进入了富足的心理状态,所有那些实现富足生活的条件就会逐步实现。

记住下面这句话吧,让它们成为时刻激励你的座右铭:

我的潜意识中有着富足的观念。我理应变得富有、快乐和成功。我有无穷无尽可随心所欲支配的现金。我永远清醒知道自己真正的价值。我将毫无保留地展现我的天赋,我将得到应有的财富。这个世界真美好!

**要点回顾：**

1. 毫无保留地向自己宣布"我理应过得富足"。你的潜意识会尊重你所宣称的东西。

2. 你不应该仅仅期待富裕到可以出国的程度。你要拥有足够的钱以达成自己的所有心愿。让你的潜意识对富足充满渴望吧。

3. 当你可以随意支配金钱时，你就算得上富足了。若将金钱视为潮水，那么退潮和涨潮都是稳定的，当潮水退去，你要清楚地意识到它一段时间后还会回来。

4. 只要你懂得潜意识的运行规则，那么无论金钱以什么样的形式出现在你面前，你都会得到它。

5. 一些人总是缺钱的原因之一是他们自己谴责金钱。你谴责的对象一定会离开你。

6. 不要崇拜金钱，它只是一个象征。请记住，真正的富有是精神上的。你只需要获得一种平衡的生活状态，你只需要获得能满足你所有需求的金钱。

7. 不要让金钱成为你惟一的目标，你需要开心、宁静等其他东西。你的潜意识会让你在生活的各个方面都表现出足够的兴趣。

8. 不要认为贫穷没有美德，如果你这样认为，那么你精神上是不健康的。你应该立即纠正这种想法。

9. 你不应该住在简陋的小屋里，你不应该穿着破烂的衣服，你也不应该挨饿。你应该使生活更加丰富多彩。

10. 不要使用"肮脏的不义之财"或"我恨金钱"等词汇,你将失去你所诅咒的东西。金钱本身只是一个中性的东西,你大脑的想法会使它成为好的或坏的东西。

11. 经常对自己说"我喜欢金钱,我将合理地、明智地使用它,我将满怀开心地使用它们,然后我会得到加倍的回报"。

12. 金钱本身并不比铜、铅、锡、铁等金属罪恶,所有的罪恶只是源自于使用者滥用自我意识。

13. 你意识里的东西会让潜意识反过来帮你修正和强化你的意识。

14. 停止不劳而获的尝试吧,天下没有免费的午餐。要想得到回报你必须懂得付出。如果把意识集中到目标,那么你的潜意识就会默默地支持你。获得财富的关键是让你的潜意识充满对财富的渴望。

# 第十一章　潜意识是你成功的搭档

ぐ

成功的最终目标是使生活幸福。在这个星球上，长时间的和平、安宁以及幸福快乐可能都是一种成功。真正的生活，诸如和平、安宁、团结以及幸福都是不可触摸的。它来自于人性深处。对这些品质的追求将会在我们自己的内心世界里构建一个天堂。那将是一个真正的天堂。

## 通往成功的三个步骤

通往成功的重要的第一步就是发现你自己喜欢的事情，然后坚持做下去。除非你喜欢你自己的工作，你才会觉得自己成功，否则即使全世界的人都觉得你在这个工作上是个成功者也没有用。只有喜欢你的工作，你才有不断前进的动力。如果你渴望成为精神病专家，那么仅仅取得职业资格是不够的。你会渴望长期关注这个行业，频繁参加交流会，不断学习和工作，不断造访其他诊所，不断翻阅最新的科学期刊。总之,你会希望自己永远处于这一行最前沿的水平,因为你将自己所有的兴趣都放在了治疗病人上。

但很多人读到上面这一段文字时会自我发问:"我不能够走出第一步,因为我不知道我自己到底想要什么。我怎样才能找到自己的兴趣所在呢?"

如果那是你现在的状态,那么向你的潜意识寻找答案吧,祈祷你的潜意识会告诉你理想的生活方式。

在心里真诚地默默重复这个祈祷。只要你充满诚意和自信,并坚持下去,你的潜意识总有一天会告诉你答案。它可能给你一种感觉,一种预感,或是指出一个确定的行动方向。无论以哪种形式,只要你照做了,潜意识最后都会给你答案。

通往成功的第二步就是专注于你工作的相关领域,然后试着在这个领域变得越来越优秀。假如一个学生选择了化学作为自己的专业,他就应该专注于化学领域的某一个方面,然后将所有的时间和精力都投入到这个专业当中。他的热情会使得他想了解这个方向的所有知识,如果可能的话,他想比其他人了解得更多。这个人会变得对该领域充满激情,并乐意用这些知识解决现实问题。

他会认为那是他生活中最好的选择,会让自己成为它的奴隶。这种心理状态明显区别于那些仅仅为了混日子的人的状态。混日子当然算不上成功。人的动机应该更高尚、更无私,应该想着为其他人服务。

通往成功的第三步是最重要的一步。你必须意识到,找到你自己喜欢做的事情并不一定会使你成功。你的愿望一定不能够太过自私,你需要对社会有所贡献,你需要形成一个自我循环的道路。换句话说,你的想法需要与服务社会相吻合,这样社会也会反过来回报你。如果你只是为了自身的利益而工作,你就不能够完成循环的道路。如果是这样的话,你自己所造就的这个短路的线路就会不断地引导你走向狭隘和封闭。

## 成功的衡量标准

现在,你或许会问:"那个演出的人怎么样呢? 那个靠股票内幕交易成功的亿万富翁怎么样呢? 他是我见过的最成功的人了,但我并不认为他对社会有贡献。"

类似的例子还有很多,但我们需要弄清楚真相。在一定时间内,一部分人确实看起来很成功,但非法敛聚的钱财是会飞走的。即使钱财没有离开,但当我们从其他人那里抢来钱财时,我们也正在从自己这里抢走东西。导致我们去抢夺钱财的缺失心理状态会在我们生活的其他方面显现出来。

我们创造着自己的想法和感受,我们也创造着自己的信仰。即使一部分人成功地非法敛财,他们也算不上成功。如果内心不平静,就算不上成功。如果这个人每天晚上都带着罪恶感而不能好好入睡,这样的财富还有什么意思?

我曾经在伦敦遇到过一个职业罪犯,他告诉了我一些他自己的经历。他曾经拥有过一大笔财富,这些财富可以保证他在伦敦和法国的别墅里过着很奢华的生活。但仅仅拥有奢华并不够,他天天担心被捕。这种担心和内心深处的犯罪情结,使得他内分泌失调。他自知做过错事,这种罪恶感使他困扰不已。

后来,我听说他已经向伦敦警方自首,并且被判入狱。入狱后,他获得了心理上和精神上的解脱。出狱后他找到了一份工作,从此金盆洗手,做了一个遵纪守法的好公民。他找到了自己的兴趣爱好,从此过得身心舒畅。

一个成功的人热爱自己的职业,并且能充分展示自己。成功很显然比单纯拥有财富更高一个层次。只有那些在心理上和精神上都得到理解的人,才是真正的成功者。当今世界,许多人依靠正确地使用他们的潜意识而获得了成功。他们锻炼出一种能力,可以把即将到来的项目看做是已经完成了的项目,这种能力使得他们的潜意识在无形中驱使他们走向成功。如果你深入地构想一个项目,那么你强大的潜意识就会以一种你不知道的方式给你提供解决问题的必要方法。

重新考虑一下成功的三个步骤,你不会忘记潜意识所具备的创造性力量。这就是隐藏在所有成功者背后的力量源泉。你的想法是有创造性的。带有感情的想法会变成主观的信念——

"照着你们的信给你们成全了吧!"①

一旦你意识到自己已经拥有一种可以实现所有愿望的能力时,你就会拥有信心和内心的宁静。不管你选择做哪一行,你都需要了解潜意识的运行规则。当你知道如何使用心灵的力量时,当你能够很好地展示自己并且有效地利用自身天赋时,你就已经踏上了通往成功的道路。

## 他是如何实现梦想的

在好莱坞,我遇到了一位赫赫有名的演员。他告诉我他出生在美国中西部的一个小村庄里。他家很穷,小时候惟一的娱乐方式就是一台只能接收两个频道的黑白电视。即使这样,他仍然幻想着能成为影星,而且这种梦想一天比一天强烈。

他告诉我:"每次我在农场上工作时,或者是赶牛回牲口棚时,我都想象有一天会看到我的名字出现在大剧院的露天广告牌上。我看到了所有的细节——成群结队的影迷、大批的记者。多年来我都保持着这种想象。"

---

① 《圣经·马太福音9: 29》。

"最后，我离开了家，来到洛杉矶，成了临时演员。没过多久，我就获得了第一个正式的角色。在演出的那个晚上，我开车到了剧院，我差点晕倒了。我的名字在灯光之下，大批观众和记者到场，一切都和我小时候想象的一样。与其他人相比，我更能够体会潜意识对于成功的重要性。"

## 她的药剂师梦变成了现实

几年前，我恰巧认识了一个年轻的药剂师，她的名字叫玛丽。那时，她正为一家大型药品连锁店工作，主要负责开处方。一天，在她给我配药时，我询问了她对工作的热爱程度。

她告诉我："一切都很好。我很满意工资和佣金，公司的分红制度也很不错。更幸运的是，我可以在很年轻的时候退休，并过上很安逸的生活。"

我沉默了一会儿，然后继续追问："那是你儿时的梦想吗？你小时候就决定要做药剂师吗？"

她的脸色忽然变得有点难看，回答道："我猜不是的，我一直都期望拥有自己的药店。我希望当我走在街上时，人们都争相呼喊我的名字，向我打招呼。我也希望我都认识他们，因为我是他们的药剂师。你或许会觉得这很奇怪，但我确实还幻想过有父母半夜给我电话，仅仅是因为他们的小孩病了。我会穿上衣服，到我的药店给他们抓药。这样的生活远不像现在这样躲在大药店柜台之后，过着朝九晚五的生活，对吧？"

我回答道："是的，一点都不像你现在的生活。但你为什么不坚持你儿时的梦想呢？难道那样不会更快乐吗？鼓起勇气吧，走出现在的生活，去开你自己的药店吧。"

她摇着头告诉我："这怎么可能呢？那需要很多钱，而我现在的收入只够每月开支而已。"

我于是跟她分享了一点：只要她肯相信那是真的，她就可以实现这一切。我继续告诉她潜意识的重要性。她很快就意识到，只要她能够将详尽清晰的思路纳入自己的潜意识中，那么潜意识就一定可以带她走向成功。

　　她开始想象拥有自己药店的情景：她想象药品和药瓶，想象邻居和朋友在外面排队抓药，她也想象自己的大额账户。她在脑海里经营着自己的药店，像一个演员一样投入，不时走动，不时起身，感觉就像真的一样。演得像真的一样，那么就会变成真的。几年之后，玛丽写信告诉我那次谈话后发生的事。由于另外一家大型药店的竞争，她工作的药店被迫关闭了，然后，她做了一个大型药品公司的代理，管理着几个州的药品代理销售。

　　一天，她来到她管辖范围内最西边的一个小城镇。这里只有一家药店，而她从来没有到过这里。但当她第一次走进那家药店，她就认出了它。这个药店与她想象中的一模一样。

　　她告诉药店的主人这件奇事。而那个药店主也告诉她，他正准备退休，但又不想把这家经营了三代的药店卖给大公司。

　　谈判后，这个药店老板愿意借钱给她，让她买下药店，而她可以用经营药店的利润来偿还这笔贷款。于是，玛丽把家搬到了这个小镇，并在附近买了房子。现在，她每天早上走路去药店时，所有的人都叫着她的名字，向她打招呼。他们都知道她，因为她是他们惟一的药剂师。


　　请记住，感恩的心永远会向这个世界上有钱的人开启。

　　每天重复"我的销售额每天都在增长，我也每天都在提高，每天都在变得更富有"这句话会使你的生意越来越好。

　　别再每天都说些诸如"没有什么地方可以改进了"、"存在很多短缺"之类的话，这些话只能使你的损失更大。

## 在商业中利用潜意识

几年前,我向一群商业精英讲授过想象和潜意识的力量。我向他们讲述了伟大的德国诗人歌德是怎样巧妙地利用想象来克服困难的故事。

据歌德的自传记录,他很善于静静地坐上几个小时,在心灵里展开对话。他想象有一个好朋友坐在旁边,告诉他正确的方向。换句话说,当他思考一个问题时,他会想象他的朋友就在旁边,用他平时的手势和声调告诉他正确的答案。他尽量使得他的想象真实生动。

其中一个听众是一位股票经纪人,课后,她开始尝试掌握歌德的方法。她开始想象自己在跟一位认识的亿万富翁交谈,这位亿万富翁曾经赞扬过她选择股票的智慧。她不断地进行着想象,直至她觉得这种交谈变成了一种信仰。

对这个股票经纪人而言,这种想象有助于她向顾客提供有益的股票信息。她一生的梦想就是利用自己的智慧帮助客户赚取利润以及合理地理财。她现在仍然在使用这种潜意识的方法,并且在生意上获得了极大的成功。最近,一家大型的金融杂志还采访了她。

## 一个将失败转为成功的男孩

16 岁的托德告诉我:"我没有一件事情能够做成功,我不知道是什么原因。或许我太笨了,我应该主动离开学校,免得他们开除我。"

随着我们交流的深入,我发现惟一出错的地方是托德的态度。他对学习漠不关心,对老师和同学也感到讨厌。

于是,我告诉他如何使用潜意识来获得成功。他开始每天提醒自己一些事实,尤其是在入睡前和早上刚起来时。正如我们看到的,这些时间是最容易影响到潜意识的时间。

下面是他的自我激励:

我意识到潜意识是我记忆的存储库。它会保留所有我从老师那里听到和读到的东西。如果我使用它们的话,我将会拥有完美的记忆。我的潜意识会帮助我回想起所有考试需要的知识。我将对老师和同学感恩,我真诚地希望他们都会成功并过得快乐。

现在,托德过着比以前开心得多的生活。他所有的成绩都是A。但他仍然坚持想象老师和家长都夸奖他获得成功的情景。

## 如何在买卖中成功

要想在买卖中获得成功,你必须记住,你的意识只是发动机,而你的潜意识却是马达。你需要发动马达来让机器正常工作。你的意识可以唤醒你潜意识的力量。

把你的愿望传达给潜意识的第一步是放松并安静地待着,尝试着集中注意力。放松和祥和的态度可以防止一些错误的外来想法混入潜意识。更重要的是,当你变得安静以及善于接受时,强加的东西就会被减少到极小的程度。

第二步就是想象一个你希望的结局。例如,你希望能买房子。在放松的状态下,你需要做出如下的自我激励:

我的潜意识是无所不能的智者。它将向我展示我心仪的房子,并且我很清楚地知道自己能够负担这间房子。我现在要将要求传达给潜意识,我知道它将很自然地给出反应。我对潜意识的信任就跟农民将种子放到地里,并相信它会结出丰厚的果实一样。

你祈祷的答案或许会来自于一则广告或是一个朋友的介绍。或许你会被直接指引到一个特定的地方,那间房子会和你想象中的房子一模一样。潜意识对你祈祷的回应可能以很多种形式出现。你需要做的就是相信你的潜意识,对它充满信心。

假如,你不是想买房子,相反你是想要卖出一间房子、一块土地或是别的什么不动产,那么,你只要用相同的方法祈祷,潜意识也会给出指引。当我在洛杉矶卖出我的房子时,我使用的方法和现在很多房地产经纪人所使用的一样。这种方法是我告诉他们的,并且收效甚大。

我在自家门前的草坪上写了"此楼出售"的广告。那天晚上,当我要入睡的时候,我问自己:"假如你找到了一个买主,你准备干什么呢?"我心里想到"我会撕下出售两个字,将它扔到草坪中"。

根据我内心的想法,我详细地构想了整个场景。我拔起这个广告,扛在肩上,将它扔到房子后面的垃圾桶里,然后对它说:"我不再需要你了,谢谢你的帮忙。"

我带着满意的微笑进入了梦乡。

第二天,就有一个人支付了定金,并告诉我说,可以将广告扔到垃圾箱里去了。

我自然遵从了他的意思。与前面讲述的事情相比,这件事情确实没有什么新意。但它又一次证明了:内在世界拥有的一切,都会在外在世界呈现出来。换句话说,你潜意识思考的东西会在现实世界中反映出来。外部世界会遵从并映射内心世界的想法。

下面是另外一种卖东西的方法。慢慢地、平和地,在脑海里不断重复下面的文字:

潜意识会将买主引到我的身边。我的潜意识强大的创造力会准确无误地将我的顾客指引到我身边。这个买主或许会到不同的地方去看房子，但他会被他自己的潜意识指引，所以最后他心仪的一定是我这间房子。我知道买主是正确的，价格也合理，时间上也合理，所有的事情都是合理的。双方的潜意识会把我们拉到一起，我知道一定会是这样的。

请记住，你所追寻的东西也一定在追寻着你。无论你什么时候想卖出一间房子，总会有一个人想要买你的房子。只要你合理地利用你的潜意识，你就能将你的意识从焦虑和不安中解脱出来。

## 她是如何成功地得到她所想要的东西的

年轻人玛格丽特经常参加我的研修班。由于住的地方比较远，所以她需要转 3 次公交车才能够到。每次来听讲座，她都要花上 1 个半小时。一次，她在我的班上听说了一个男生如何得到一辆梦想中的轿车的故事。

回到家里，她就按照我说的方法进行了试验。后来，她还写信告诉我她是如何使用这个方法的。以下是原文：

亲爱的墨菲：

我知道为了个人成长我必须要有一辆自己的车。除此之外，没有其他的方法可以保证我能够定期参加你的讲座了。我决定，我要获得我心仪已久的凯迪拉克车。

在我的想象中，我详细地描述了我获得汽车并驾驶它上路的所有细节。我看到我走进了展示大厅，并试着驾驶了我心仪的车型。我一遍又一遍地默默暗示自己：这辆车就是我的。

在两周的时间里，我不断地想象着走进这辆车，驾驶它并感受它的内饰。上周，我终于可以开着凯迪拉克去听你的讲座了。我在英格尔伍德的叔叔去世了，他把凯迪拉克和一大笔遗产留给了我。

## 一个执行官的成功之道

很多成功的商业领袖在成功之前都会不断地在脑海里重复"成功"这两个字。他们知道，一个成功的信念包含了成功所需的所有要素。同样，从现在开始，你也可以不断重复"成功"这两个字。你的潜意识会接受你是个成功人士的想法，你也会在潜意识的激励下走向成功。

你会被要求去实现你的想法、你的信念。成功对你来说意味着什么呢？你无疑需要在生活和与他人的关系上取得成功。你也需要在工作领域取得成功，得到一所漂亮房子，并得到足够过舒适生活的钱。你也希望能够在精神上取得成功。

正因为你的生活很成功，所以你是一个成功的商业领袖。通过想象你一直期望做的事情和你一直幻想拥有的东西，你会成为一个成功的商业领袖。通过想象来感受成功的喜悦吧，将这种想象当做一种习惯。每天睡觉之前都来幻想一下，你就会成功地将这种信念移植到你的潜意识里面。只要你相信自己生而成功，奇迹就一定会发生。

**要点回顾：**

1. 成功意味着生活得很幸福。当你开心地从事喜欢的事情时，你就会成功。

2. 找到你自己的兴趣爱好，并坚持下去。如果你不知道自己喜欢什么，那么就向潜意识寻求帮助吧。

3. 专注于你所从事的行业，并坚持了解得比周围的人多。

4. 那些成功的人都不自私，你要树立服务人类的梦想。

5. 没有平静的心灵就不会取得真正的成功。

6. 一个成功的人有着良好的心理和精神解读能力。

7. 如果你能够把一件事情想得很清楚，那么你的潜意识就会提供做好这件事情所必备的东西。

8. 带有情感的想法会变成一种主观的信仰，最后这种信仰会反过来影响你。

9. 持续的想象会激发你的潜意识，带给你无穷的力量。

10. 如果你想晋升，那么想象你的上司、你同事和爱人正在祝贺你的晋升。尽量使得这种想象生动而真实，感受人们的手势，倾听他们的声音以及所有的东西。经常这样想象，并让想象占据你的大脑，你会体验到潜意识带给你的乐趣。

11. 你的潜意识是一个巨大的储存库。为了获得一个完美的记忆，你需要不断的重复以下的话："我全能的潜意识在任何时候任何地点都会告诉我我需要的东西。"

12. 如果你想要卖出一栋房子或者是任何形式的不动产,你需要平和缓慢地做出如下的暗示:"我全能的潜意识会将我中意的买主引到我的身边。"重复这种想法,你的潜意识就会帮助你实现。

13. 成功的意念包含了成功所需的所有要素。经常自信、坚定地告诉自己你要成功,那么你的潜意识就会帮助你成功。

# 第十二章　科学家如何运用潜意识

科学地运用潜意识吧!

你会发现,潜意识的无限力量总会直接地回应你意识的思考。

　　历史上,许多拥有杰出创造力的科学家,都意识到了潜意识的重要力量。爱迪生、马可尼、爱因斯坦,以及许许多多科学家都成功地运用了潜意识的力量,继而深刻理解和领悟了事物的本质,最终获得了伟大的成就。在科研工作者们的成功过程中,能否成功运用潜意识力量去探索真理,这也是一个决定性因素。

　　在德国杰出化学家凯库勒(Friedrich August Kekulé von Stradonitz)的科研生涯中,我们不难发现潜意识起作用的神奇事例。凯库勒一生都奋战在科研第一线,试图发现一种碳氢物质——苯——的化学结构。苯是由6个氢原子和6个碳原子构成的,如果这些原子也像其他有机物一样彼此串成一串,那么氢原子的数量就太少了,根本不可能形成稳定的结构。凯库勒一直被这个问题困扰着,所有寻求答案的努力似乎都是白费。

没能解决难题,凯库勒又困又累,他决定转而向潜意识寻求帮助。不一会他就进入了睡眠状态,半梦半醒之间,他感到自己就要登上伦敦的一辆公共汽车,这时候,潜意识突然向意识发出了一个信号。在他的脑海中,仿佛出现了一条蛇的形状,蛇的嘴咬着自己的尾巴,好像一个圆形的纸风车。这个来自潜意识的信息马上激发了他的灵感,将他的思考引向了另一个方向。很快,他就找到了自己追寻已久的答案:原子呈环形排列,这种形状现在也被称为苯环。

## 杰出科学家的发明创造

尼古拉·特斯拉(Nikola Tesla)一直致力于电学研究,成绩骄人。在科学博物馆的展览中,他发明的"特斯拉线圈"一直是小朋友们的最爱。不过对于特斯拉来说,这不过是他众多发明中的小小一项。"特斯拉线圈"是一个随时充满静电的铁圈,一旦有人触摸它,静电就会使触摸者的头发全部竖起来。特斯拉亦致力于研究能量,他对于这一领域的贡献至今仍为后来者所称道。

特斯拉还是一位善于运用潜意识力量的科学家。当他试图在某一研究领域有所突破之前,都会先在潜意识中大致假设一下,然后再进行深入具体的思考。他清楚知道,潜意识像一个好管家,会将自己脑中的各种想法排列得井井有条,并且分派它们做各自该做的事,随后将指令传达给"意识"这位行动组组长。潜意识与意识各司其职,做主人的只要做到知人善用以及用人不疑,它们便会勤力忠诚好好工作,并且一定会作出骄人成绩,叫主人开心。

在一次访谈中,特斯拉说:"我所期望的,不过是实验室设备都以我预想的方式正常运作,所幸二十多年来我一直如愿。"

## 自然学家解决了难题

哈佛大学的路易斯·阿加西斯(Louis Agassiz)是 19 世纪美国杰出的自然科学家。他发现,在睡眠中人类的潜意识能够释放出巨大力量。以下来自他遗孀撰写的回忆录:

两周以来,他一直致力于解码一种鱼化石,那块化石放在植物园里的一块厚石板上,看上去神秘又隐晦。他为此项工作劳心劳力,很快身心疲惫,不得不暂时放下手头工作,尝试不再纠缠于这一研究。有一天他浅寐,在醒来之际,他十分确信自己在睡梦中看到了鱼化石的晦涩密码以完美的方式呈现。但是,当他开始回忆的时候,梦中的形象却很快消失了。尽管如此,第二天他仍然一大早就去了植物园,他努力搜寻着脑海中残存的梦境碎片,试图获得一星半点的线索。然而一切均是徒劳,脑中的图形混乱一如往常。是夜他又梦到了鱼化石,然而醒来之后,他仍然无法回忆起梦中所见。第三夜,在睡觉之前,他就在床边放了一支铅笔和一张纸,希望能重复同样的梦境。

临近早晨的时候,鱼化石的图案又一次出现在了梦中。起初十分混乱,但是最后的图像却异常清晰,他甚至可以从中判断出鱼化石的动物特点。虽然仍在半梦半醒之间,他却在一片黑暗中抓起了床边的笔和纸,把鱼化石的特点画了下来。早晨醒来,他惊讶地发现,这张夜间仓促画出的草图竟然涵盖了鱼化石的全部特点。他飞奔到植物园,照着草图,在将鱼的身体隐藏起来的石头表面,成功地描绘出了整个鱼的结构。鱼化石结构图全部完成之后,与梦中得到的草图对比,果然一模一样。然后,他成功地对鱼进行了分类。

## 医生如何治愈糖尿病

1920 年，一位杰出的加拿大医生班廷（Frederick Banting）博士，正集中精力研究糖尿病的破坏性结果。那个时候，根本没有治愈此类疾病的科学方法。班廷博士花费大量时间做实验，研究同类学科的国际成果，但是，每一条路似乎都是一个死胡同。

班廷博士连续操劳了许多天，仍然一无所获。一天晚上，他不知不觉睡着了。梦中，似乎有一个声音告诉他，可以从狗的退化胰腺管中提取残液用以实验。这一灵感使他发现了胰岛素，这一物质帮助了成千上万的糖尿病患者。

班廷博士的成功的确来之不易。他花费了大量时间去思考这一问题，希望为糖尿病患者寻找一条出路。因此，他的潜意识就对他的想法做出了回应。

但是，你的答案并非一夜之间就能出现，也许它很长时间都不会现身。这个时候，千万不要气馁。每晚临睡前，继续思考这些问题，将要解决的问题导入自己的潜意识，就像你第一次做那样。

如果你持续祈祷却迟迟没得到回应，可能是因为对潜意识而言，你正在思考的问题陌生又艰难，因此它需要花费更多的时间和精力去解决。这并不奇怪，通常我们面临的都是些有难度的问题，如果不困难，也就不构成问题了。然而，这是个错误的想法，毕竟，你的潜意识是不受时间和空间限制的。不妨带着这样的想法进入睡眠：你现在已经获悉答案。不要去假设答案要等到将来才会出现。要时刻抱持坚定的信念，这样，你所希冀的结果终会出现。

感受喜悦和宁静吧，你将预见你期待的确定成果。你脑海中的任何记忆图像，都是你渴望的事物本身，都是尚未发生的事物的证据。

科学家冥想着古代时候的卷轴、寺庙、化石和其他证据，他们能够重建过去的场景，使历史在今天复活。他们的潜意识力量给了他们很大的帮助。

当你困扰、疑惑、恐惧，犹豫做出决定的时候，时刻牢记，你拥有自身内在的指引力量，它能够给你一个完美的计划，会给你指出你应该走哪一条路，并且能够引领和指导你走完全部的路。

## 科学家如何逃离战俘营

杰出的电子工程师布兰克施密特博士（Lothar von Blenk-Schmidt），二战期间曾被关押在苏联的一个战俘营。他之所以能够存活下来并成功逃脱，完全归功于他的潜意识力量。他在自己的回忆录中这样写道：

我是一个战俘，关押我的营地位于苏联的一个煤矿工地上。在那里，我看到周围的人一个接着一个死去。看守我们的士兵非常凶残，长官蛮不讲理，官员们也阴沉刻薄。经过很简单的身体检查之后，我们每个人都被安排了搬运煤炭的任务，我的定额是每天300磅。如果有人偷懒没能完成份额，那他就没有饭吃，只剩死路一条。

我开始筹谋逃离这里。我知道，我的潜意识总会帮我找到出路。我在德国的家已经被毁了，家人也都没能幸免于难。我所有的朋友以及之前有过联系的人不是死于战争，就是跟我一样被关押了起来。

我对潜意识说："我想要去洛杉矶，你将为我指路。"我曾看过洛杉矶的图片，因此，我清楚地记得其中的几条主干道和一些标志性建筑。

每天晚上，我都会想象自己正在维尔雪大道（Wilshire Boulevard）上散步，和我一起的是战前在柏林认识的一位美丽的美国姑娘(现在她是我妻子)。在我的想象中,我们会路过商店,经过汽车站,然后在饭店里吃个饭。每天晚上我都会这么想,我要开着美国车在洛杉矶的大道上来来回回走个遍。我努力把想象变得生动而真实。这些图像在我脑海中挥之不去,就像营地外那几棵树一样真实而自然地存在着。

每天早晨,战犯都会排成一排,由长官清点人数。他会数"一,二,三……"一直数下去,直到第17个,也就是我的位置,然后我应该站出列。可是刚要叫到我时,长官忽然被叫走了。他回来之后,就把下一个人当成了第17个。这样,晚上回来点名的时候,即使我不见了,人数也不会比现在少,要认真清查还需要一段时间。

趁着这个机会,我逃了出来,走了一天一夜,然后在一个废弃的小城呆了一天。我靠着捕鱼充饥,有时候打点野味。在那里,我幸运地发现了开往波兰的运煤火车,我趁夜摸上火车,到了波兰。随后在朋友们的帮助下,我成功地到达了瑞士的卢塞恩。

一天晚上,在卢塞恩的宫殿酒店,我同一对美国夫妇聊了一会。那男人问我是否愿意去他在家里做客,他的家位于加利福尼亚州的圣塔莫尼卡。我当然十分乐意。我一到洛杉矶,他们就派司机开车来接我。汽车载着我,行驶在维尔雪大道上,这些街道和我在苏联的煤矿工地上想象的一模一样。我认识那些建筑,那些在我脑海中出现了多次的建筑。当时的感觉就好像我已经在洛杉矶生活了很多年。我终于达到了自己的目标。

我从不会停止追逐奇迹的脚步,从不会放弃潜意识的神奇力量。相信它吧,它有我们不了解的工作方式。

## 人类学家和古生物学者如何重建古代景象

我们每个人的潜意识都保留有祖上的记忆。在人类学家研究古代遗址及文物的过程中,想象能够发挥出神奇的作用,并促进他们的实际工作。历史貌似已经死去，然而不过是在沉睡。人类学家们在潜意识的引领下，便能轻轻将历史唤醒。那些古代建筑遗址神秘而庄严，早期文明时期的陶器、雕塑等工具和家庭器皿古朴玄奥，科学家通过研究思考，便可以确切知道，这些物品在何时何地以何种方法，为着何种原因被创造出来。

　　科学家对于本学科的专注和热爱，再加上受过系统训练的想象能力，往往能够唤醒潜意识的力量。科学家有能力重构古代的房屋，先有屋顶，再加些花园、池塘和喷泉，这样一座房屋就能逐渐成形。对化石的研究也是如此，给他们装上眼睛、肌肉、各种组织，一个人就能直立行走、开口说话了。他们能将已经过去的事情变得生动真实，是因为头脑中没有绝对的时间或者空间的概念。通过训练、控制和直接的想象，你也完全能够成为科学家，也能够成为任何时代的杰出思想家。

## 如何获得潜意识的指引

　　当你必须要思考一个特别困难的问题时，请有条理有步骤地去思考它。如果你感到恐惧和焦虑，那么你并没有进行真正的思考。真正的思考是完全摆脱了恐惧的。

　　下面是一些简单的技巧和步骤，你可以有意识地训练自己，以获得潜意识的指引：

　　● 清除杂念，平静身心。告诉自己全身放松，身体就会回应你的希望。没有命令，没有创造，没有自我意识，你的身体现在是一张感情的光盘，上面记录着你的信仰和想法。

　　● 调动注意力，集中在你急需解决的问题上。

　　● 试着去使用你的潜意识。

　　● 想象着，如果你获得了完美的解决方法，你会多开心。感受你的感觉,假设你现在就已经获得了满意的结果。

● 让你的思绪随着喜悦和满足的情绪慢慢放松下来,然后,你会不知不觉地进入睡眠状态。

● 醒来之后,如果你还没有获得答案,那就去忙其他的事情吧。也许答案会在不经意间溜入你的脑海。

向潜意识寻求指引的时候,方法往往越简单越好。我自己就是个活生生的例子。我曾经遗失了一只贵重的戒指,那是我的传家宝。我遍寻不获,十分懊恼。那天晚上,我同自己的潜意识交谈,就像同其他人谈话那样。在睡觉之前,我对它说:"你无所不知,你应当知道那个戒指在什么地方,现在就告诉我吧。"早上,耳边似乎有一阵声音突然把我惊醒:"问问罗伯特吧!"

我震惊不已。当时,我惟一能够想起来的一位罗伯特,是我隔壁邻居 9 岁大的儿子。为什么他会知道我的戒指在哪儿呢?然而,我相信直觉。

我在院子里找到罗伯特,给他形容一下戒指的大概样子。"你看见没?"我问他。

"嗯,当然啦。"他回答说,"昨天玩捉迷藏的时候,我在灌木丛中发现了它。我也不知道是谁的,就把它捡起来藏在抽屉里了。我还准备去报告事务处,但是后来忘了。"

看吧,只要你相信,潜意识总会回应你的。

## 一份遗失的遗嘱

雨果是一位年轻人,他在洛杉矶参加了我的讲座。他告诉了我他成功运用潜意识的故事。

事情是这样的:他父亲突然去世,却没有留下任何遗嘱。然而,他姐姐告诉他说,曾经听父亲提到过遗嘱,并且父亲表示已经尽最大努力使遗嘱公平。

雨果意识到,如果法院最终确认他父亲没有留下任何遗嘱的话,那么根据州法律,他们的财产就会被重新分配。这显然有悖亡父遗愿。让人更加无法接受的是,联邦政府还会征收大部分土地作为费用。他和姐姐把家里翻了个底朝天,却连遗嘱的影子也没有见到。他们甚至开始怀疑这张遗嘱是否真的存在。

这个时候,雨果想起了他学过的运用潜意识力量的方法。于是,每天睡觉前,他都会对着自己的灵魂深处默默倾诉:"我现在向你求助,你知道我父亲的遗嘱放在哪里了,告诉我吧!"然后他就集中全部注意力,去思考一个单词:"回答!"他重复多次,就像反复吟唱一首歌谣。他脑中挂着"回答"这个念头,安然入梦。

第二天早上醒来,他突然冒出一个想法:不如去洛杉矶郊区的一个银行看看。是否曾听父亲提起过那个银行呢?还是他曾经在父亲的信箱里面收到过那个银行寄过来的信?他不能确定。但是,他确信自己必须去验证一下。那天上午,他去了那家银行。一位银行工作人员表示,确实有一个以他父亲名义开的账户和保险箱。他打开箱子,不错,遗嘱就安安静静躺在里面。

随着你进入睡眠状态,你的想法会唤起你体内潜伏的内在能量。也许,你正在考虑是否要卖掉房子,需要买进哪一支股票,是否同合作伙伴决裂,是搬到纽约还是继续住在洛杉矶,是继续现有合同还是签订一份新合同。你仍在犹豫?那么不妨这样:安静地坐在椅子上,或者坐在你办公室的书桌前面。时刻牢记,有一个普遍的"行为和反应准则"。行为就是你的想法,反应是你对潜意识的回应。潜意识需要反应和回应,这是它的特质。遵循着对应法则,它对某一行为或者想法做出反馈。换言之,它只回应与其具有一致性的事物。如果你的思考方式正确,自然就会经历自我认知的反应,而这也代表了你潜意识的指引或者回答。

在寻找指引的过程中,你只需要安静地思考正确的行为。这意味着，你正在使用贮藏在潜意识中的无限智能，而且无限智能正开始对你产生作用。你的行为举止都由你内在的主观智慧指引，这种主观智慧是无所不能的。你的决定将永远正确，因为你正在主观强迫（compulsion）的控制之下做出正确的事情。我使用了"强迫"这个词，因为潜意识法则就是强迫的。

## 指引的秘密

指引自身做出正确行为的秘密就在于，在精神上将自己完全纳入正确的答案，全身心地融入它，直到发现它的回应。回应是一种感觉，是内在的意识，是一种能量巨大的直觉。你已经使用了这个能力，它已开始发挥作用。在运用内在主观智慧的时候，你不可能遭遇失败，因为你连错误的一步都不会迈出。你会发现，所有的道路都宽阔畅通，你做任何事都无比得心应手，而内心则是一片祥和安宁。

你的潜意识肯定会回应你的请求，有时候回应的方式出人意表。你可能会信步走到一个书店，随手拿起一本书，书中的内容就是你梦寐以求的答案。或许，你会无意中听到一段对话，而对话的内容解了你的燃眉之急。解答问题的方式层出不穷，不可预料。

**要点回顾：**

1. 潜意识的力量成就了所有伟大的科学家，以及他们杰出的科研成果。

2. 那些问题正在困扰你吗？有意识地关注他们并寻求解决之道吧！你的潜意识正收集所有必要的信息，并忠实无误地把它们一一传达给意识。

3. 如果你正在尝试解决一个问题，试一下客观地面对这个问题。收集所有你能够获得的信息和数据，包括从其他人那里获得的。如果答案还没有出来，在睡前将问题移交给你的潜意识，答案自然而然地就会出现了。这个方法十分奏效。

4. 并不是只有夜间才能获得问题的答案。你需要在潜意识之下不断思索问题，直到白天来临，问题得到解决。

5. 你认为回答问题需要花费很长时间，或者你认为这是一个关键的问题，所以你推迟了回答。然而你的潜意识不会有这样的问题，它确信自己知道惟一的正确答案。

6. 相信你现在就能获得答案。感觉到得知答案的愉悦了吗？感觉到它是惟一完美的答案了吗？你的潜意识将回应你的感觉。

7. 任何由信念和坚持支撑的记忆图像，在潜意识的神奇作用之下都会变成现实。相信它，相信它的力量，你祈祷的奇迹自然就会发生。

8. 你的潜意识是记忆的存储室，潜意识中储存着自你孩提时代开始的各种记忆。

9. 科学家通过冥想古时的卷轴、寺庙、化石及其他，就能重现过去的场景，使历史在今天复活。他们的潜意识力量居功至伟。

10. 睡觉之前，反复地向潜意识寻求帮助，寻找问题的解决方法。相信它，答案自然就会出来。潜意识无所不知、无所不晓，惟一的条件是你不能够质疑它的能力。

11. 行动就是你的想法，而反应是你对于潜意识的回应。如果你的想法正确可靠，你的决定和行动就会万无一失。

12. 根据感觉，根据内在意识，根据那种能量巨大的直觉去寻找指引吧！这是一种内在的触觉。跟着这感觉走，你将获得朴素真知的信念。

# 第十三章　潜意识和睡眠奇事

潜意识从不休息。它总是处于工作状态，
它控制着身体内所有重要的功能。

一个人每天大约需要八小时的睡眠时间，这几乎是我们一生的三分之一。这是生命的自然规律。睡眠是神圣的，许多问题的答案专挑睡梦时前来拜访。

许多人宣称，人白天感到疲惫，晚上就放松神经和身体，好好睡上一觉，让身体的各个器官得到休息。这类理论其实不对。在睡眠过程中，没有什么东西真正得到了休息。你的心肺和其他重要器官在睡觉的时候仍然需要工作，如果你在睡前吃了东西，胃还需要消化吸收食物，皮肤在夜间仍然分泌汗液，指甲和头发也在继续生长。

同样的道理，潜意识也从不休息。它总是保持警觉，控制着所有重要的力量。治愈过程通常发生在睡眠中，因为这个时候没有意识的干预。你睡觉的时候，完美的回应便会现身。

## 为什么人要睡觉

比奇洛博士（John Bigelow）是最早对睡眠进行研究的科学家之一。他发现，人们夜晚入睡时，会持续接收到如眼睛、耳朵、鼻子以及其他皮下神经传来的各种感觉。大脑神经系统仍然在积极工作着。

比奇洛博士得出结论，我们睡觉最主要的目的在于："灵魂那高贵的组成部分要同更高级的自然本质结合，从而变成先知和智慧的一部分。"这一结论与本书的观点简直如出一辙。

## 祈祷和冥想是睡眠的另外形式

一整天，我们的意识都在参与各种各样的争辩和冲突，我们的思维需要暂时脱离感性和现实的二重世界，它需要安静地与潜意识的内在智慧进行密谈。在你生命的各个阶段，你都需要认可潜意识伟大的智能，如果你认可的话，你就能攻无不克，无往不胜。

你要知道，这种定期的从感性思维和日常生活琐事中脱离出来的行为，也是另外一种意义上的睡眠。它是这样的一种状态：对于外界的感知来说，你处在睡眠状态，而对于潜意识的智能来说，你处在十分清醒的状态。

## 睡眠被剥夺的惊人后果

缺乏充足的睡眠会使人变得烦躁、焦虑、情绪压抑。人类为了维持健康，每天至少需要六个小时的睡眠时间。而大多数人需要睡更长的时间。那些认为自己可以少睡的人不过是自欺欺人罢了。

医学专家在对睡眠过程和睡眠被剥夺的后果进行研究后发

现,严重的失眠往往会导致神经系统的全面崩溃。

时刻牢记,在睡眠期间,你的精神能够得到及时补充和修复。对于一个愉悦而充满活力的生命来说,充足的睡觉是必不可少的。

## 你需要更多睡眠时间

只要看看人类在缺少睡眠的时候会发生些什么,你就知道我们为什么需要睡眠了。1964 年,一个 17 岁的男孩兰迪·加德纳(Randy Gardner)创造了吉尼斯世界纪录,他保持了连续 264 个小时的无睡眠记录——整整 11 天的时间!后来的测试表明,他的身体并没有任何持久的损坏。但是,在他努力保持清醒状态的期间,整个人已经变得迟钝,语言也开始模糊不清,记忆力也逐渐衰退。在最后几小时中,他甚至出现了幻觉。

在现代生活中,许多人都会偶尔经历短期缺少睡眠的状态,但不会像兰迪那样极端。然而,即使是这些人,也逃不过缺少睡眠带来的严重后果。根据美国国家高速公路安全管理局的数字显示,每一年约有 2 万起交通事故是由睡眠不足导致的。每 5 个司机中就有 1 个偶尔在开车的时候打盹。相应地,夜间的事故发生率会比白天高出 5 ~ 10 倍之多。

调研小组研究表明,疲惫的大脑极度渴睡,在这个时候,它会不惜一切代价以获得休息。在失眠几个小时之后,睡眠主体会经历快速短暂的打盹,这种情况也叫"微型睡眠"或者短暂的昏睡。平均每小时会发生 3 ~ 4 次这类情况。每一次都像是在真的睡觉一样,人会闭上眼睛,他/她的大脑波会变得缓慢。

起初,每一次微型睡眠仅仅持续很短的时间,大概 1 秒,但是随着失眠时间的增加,微型睡眠也会更频繁地发生,持续时间也会更长,达到 2 ~ 3 秒。即使是在雷电交加的暴风雨中开飞机的飞行员,如果他们缺觉的话,也会不可避免地打上几秒钟盹。

## 睡眠带来忠告

桑德拉是一位住在洛杉矶的年轻女性,她经常收听我的广播课程。她曾经告诉我,她获得了一个在纽约的职位,工资是现在的两倍。她很难决定到底要不要接受。因此,每天睡觉之前,她都这样祈祷:

潜意识的创造智能啊,你知道对于我来说什么是最适合的。你的影响会持续一生,你告诉我正确的决定,保护我,庇佑我。我知道答案就会到来,我感谢您的答案。

她像重复歌谣一样,反复地念诵这个简单的祈祷,直到昏昏沉沉地睡去。早上醒来的时候,她感觉到不能接受这个职位。因此,她拒绝了纽约那边的邀请。后来发生的事情证明了她内心感知的正确性。在她拒绝那边几个月之后,那家公司破产了。

人的意识也许会对客观的已知事实做出准确判断。然而,潜意识的直觉会意识到一些潜在的问题,从而提醒她以避免做出错误判断。

## 远离灾难和危险

如果你坚持每晚睡前正确祈祷的话,潜意识的智慧就能够保护你。

多年之前,我在东亚地区获得了一个薪水颇丰的职位。为此我做了如下祷告,希望可以做出正确的选择:

我内心的无限智能无所不知。我会得知正确的决定。当答案来到的时候，我全身心地准备好迎接它。

我像重复歌谣一样，反复地念诵这个简单的祈祷，直到昏昏沉沉地睡去。那天晚上，我做了一个梦，梦中我的一个老朋友来拜访我。他举着一张报纸对我说："你看看报纸头条！不要走！"报纸头版头条满是暴力、骚乱和战争的新闻——都是发生在东亚地区，且都是发生在我获得职位不久之后的事。

潜意识智慧无边，它知道所有的事情。它当然会同你交流，不过是以一种容易被意识接受的声音同你交流。在我上面提到的梦中，毫无疑问是潜意识挽救了我，它使我远离灾难和危险。我的潜意识以一个我信任和尊敬的面目出现在梦中，因此成功地让我接受它的建议。

对另外一些人来说，警告可能来自梦中母亲的形象。她会告诉人们不要去这里，不要去那里，并且告诉人们原因。有时候，潜意识也会在人清醒的时候提醒人们。你会以为自己听到了类似母亲或者爱人的声音。你停下来，转过身去，寻找着声音的源头。之后你会发现，如果按照原路前进的话，很可能会被从天而降的物体砸到头部。

临睡之前，在你的潜意识中放入所有你想寻求答案的问题，之后，潜意识就会回答你的问题。

潜意识是记忆的储备室，其中储存着从童年时代开始的各种经历。

## 潜意识决定未来

时刻牢记，因为你的未来是你习惯性思考的结果，因此，它已经存在于你的头脑中，除非你通过祈祷来改变它。同样的，一个国家的未来命运也掌握在这些人的集体潜意识中。我经常梦见一些报纸头条,后来都无一例外被我言中。这并不奇怪,这些事件已经在那些导致事件发生的人的潜意识中发生过了。他们的机会早就已经刻在了那个伟大的记录工具上面,也就是普遍思想的集体潜意识。明天将要发生的事情已经存在于你的潜意识之中。下周的、下个月的也是如此。这些事情能够被高度敏感的精神学家所感知。

没有什么事情是命中注定的。你的精神态度——你的思考方式、感觉方法和信念——决定着你的命运。你能够通过科学的祈祷,创造属于你自己的未来。

## 小睡赚了 15000 元

几年前,我的一个学生寄给我一篇报纸文章,内容是一个工人因为瞌睡赚了 15000 美金的事迹。这位名叫雷·翰墨斯特姆(Ray Hammerstrom)的男青年,在匹兹堡的一家钢铁工厂工作,负责滚压机的安装和设计。工厂新安装了一个机器,用来把新合成的钢条传送到冷却床。尽管安装完全正确,但是机器就是不能正常工作。工程师修理了几天的时间,仍然一筹莫展。

关于这个问题,翰墨斯特姆也做了大量思考。他试着去画一张新的设计图纸。然而一开始他并没有任何有价值的想法。一天下午,他躺下打了个盹,在梦中,他发现了开关的问题,并且看到了完美设计好的开关。醒来之后,他根据梦中的大致轮廓飞快地画好了新的设计草图。

这个有预见性的小睡帮翰墨斯特姆赚了 15000 块奖金,这是公司为了鼓励员工创新而设置的最高奖励。

## 教授如何在梦中解决问题

赫普瑞特博士(H. V. Helprecht)是宾夕法尼亚大学的一位杰

出的亚述学①研究专家。在他的回忆录中,有这样一段经历:

一个周六晚上,我一直责备自己没能够解释两个小的玛瑙碎片,这两个碎片是古巴比伦人戒指上的。

大约到了午夜,我又困又累,在床上躺了下来。我梦见一个不可思议的事情:一个身材高大瘦削,约四十岁年纪的牧师,带我去参观神庙中的宝藏房间……一个小小的、天花板低矮的房间,没有窗户,玛瑙的小碎片和天青石四处散落在地板上。他这样告诉我:"你那些分布在第22页和第26页上面的碎片是在一起的,它们不是戒指。那两个圆环是神像上的耳环;那两个碎片(你已经有了)是它们的一部分。如果你把它们放在一起,就能确认我说的话了。"……我马上就醒了,立刻检查了碎片。令我吃惊的是,梦中的解释是对的。问题终于解决了。

上面这个故事清楚地证明了潜意识的创造性能力,也表明潜意识知道问题的完整答案。

## 潜意识如何为著名作家工作

罗伯特·路易斯·史蒂文森是位知名作家,在小说《穿越平原》中,他用了整整一章的篇幅来描写梦的主题。他是一个好做梦的人。每晚睡觉之前,他都要向潜意识寻求特定的帮助。他会要求潜意识在睡觉的时候帮他发展故事情节。比如,如果银行存款太少了,他对于潜意识的命令也许就是这样:"给我一个令所有人震惊的小说吧!我想要大家印象深刻,我想要获利丰富。"他的潜意识会奇迹般地回答他的请求。

---

① 研究古代美索不达米亚地区语言、文字、社会和历史的学科。

史蒂文森这样写道：

这些小精灵（潜意识的智能）能够一点一点告诉我故事该如何发生、展开，像一个系列一样。而我虽然身为小说的创作者，其实也完全无法把握作品的进程。

一些已经完成的作品看起来无论如何都不像是我的作品，尽管它们是我在十分清醒的时候写出来的（这个时候我的意识是警觉的、清醒的），看起来潜意识即使在我清醒的时候也仍然在发挥作用。

## 安静地睡觉，愉快地醒来

如果你正遭受失眠的痛苦，你将发现，下面的祈祷方法很有效果。安静地缓缓地重复你的祈祷，直到你睡着。

我的脚放松了，我的关节放松了，我不自然的肌肉放松了，我的心肺放松了，我的手和胳膊放松了，我的脖子放松了，我的大脑放松了，我的脸放松了，我的眼睛放松了，我的整个身心都放松了。

我完全地、真心地原谅所有人，我真诚地希望他们和谐、健康、安静，祝福他们。我处在安宁、静谧、平缓的状态，我在安全和宁静的环境之中。平静将我完全浸透，宁静消除了所有杂念，在我体内我发现了神圣的存在。我知道，生命和爱正在治愈我。

我被爱心环抱，入睡时带着对所有事物的美好愿望。一整夜，安静都伴随着我，早上醒来的时候，我的体内将充满生命和爱的希望。我被爱包围。我不恐惧任何魔鬼，因为神圣与我同在。我在安静中睡去，我在愉悦中醒来，我在神圣中生活、成长、存在。

在睡觉之前,向你的潜意识去寻求帮助、询问解决方法吧! 相信它,依赖它,你终究会获得回答。潜意识无所不在,无所不知,但是,前提是你首先要非常忠诚地相信它的力量。

**要点回顾：**

1. 如果你担心不能按时起床，那么，在睡觉之前告诉潜意识你要起床的准确时间，潜意识自然就会叫醒你。它可不需要闹钟。解决其他的事情也是如此。对于潜意识来说，没有什么是困难的。

2. 睡觉之前，宽恕你自己和所有人吧！这样，治疗的作用就会发挥得更快。

3. 在你睡觉时，神的指引已经来到你身边，有时候他会进入你的梦境。治愈的河流也会被释放出来，早上的时候，你会感到神清气爽，精神百倍。

4. 你还在为白天的争吵或者冲突而心烦吗？运用潜意识吧！思考存在于你潜意识中的智慧和宽容，潜意识也会因此而回应你的思考。你就会获得平静和力量。

5. 睡眠对于睿智思考和身体健康来说至关重要。缺少睡眠会使人烦躁，精神失控。每个人都需要足够的睡眠。

6. 医学研究表明，失眠往往会导致神经系统的全面崩溃。

7. 在睡眠期间，你的精神得到了及时的补充和修复。对于一个愉悦，充满活力的生命来说，充足的睡觉是必不可少的。

8. 疲惫的大脑极度渴望睡眠，人在这个时候会不惜一切代价获得休息。许多人竟然能在开车的时候睡着，这就是生动的证明。

9. 许多被剥夺睡眠的人记忆力减退，缺少正常人应有的反应能力。他们变得迷糊，甚至会迷失方向。

10. 你会在睡眠中获得忠告。睡觉前，真诚地相信潜意识的无限智能会指引你。然后，静静等待回答吧，它也许就出现在你醒来的那一瞬间。

11. 你要绝对信任你的潜意识。你要知道，发挥潜意识的力量是终其一生的过程。有时候，潜意识通过一个生动的梦境回答你，有时候它让你在夜晚看到某种预见性的画面。你完全能像本书作者一样，在睡梦中获得灵感。

12. 你的未来现在就在你的脑海中，完全基于你现在的思考习惯和信仰。如果你相信潜意识的无限智能能够指引你，那么你梦想的所有事物都会变成现实，你的未来将无比精彩。相信它，接受它。期望着好事，好事就必然到来。

13. 如果你正在创作小说、戏剧或者文学作品，或者你正在进行一项发明创造，那么，在夜晚的时候对你的潜意识说明这项工作吧。真诚地相信潜意识的智慧和能力正在引导着你，帮助你发现那个梦寐以求的作品，或者帮助你做其他任何有帮助的事情。如果你用这种方式祈祷，奇迹终将发生。

# 第十四章　潜意识与婚姻

　　你的意识与许多想法结合在一起。你在与信念、观点、概念、教义、理论、信条这类事物结婚，在意识层面上，你与任何东西精神上的结合，都可称为婚姻。从心理角度讲，你的婚姻伴侣不是另外一个性别与你相异的人类，而是你的思想，是你对自己的理解和估计，也是你自己设计的蓝图。

　　一切婚姻问题都起源于不能正确理解自己意识的力量。如果能正确地运用意识法则，夫妻之间的摩擦就会消失。一起祈祷能使他们待在一起。对神圣理想的思考，对人生法则的学习，对共同目标的认同，以及对个人自由的享受，都能够带来和谐的婚姻。这种婚姻是幸福美满的，它将两个人结合，并融为一体。

　　预防离婚的最好时机是婚前。决定走出一种很糟糕的处境并没有什么错误。但是，最开始的时候为什么要进入这种糟糕的处境呢？如果一开始你就能认清问题的实质，能注意到产生婚姻问题的真正原因，不是更好么？

婚姻不幸、分居及离婚问题与男女之间的其他问题并无二致。其根源可追溯为对意识和潜意识的作用及相互关系缺乏理解。

## 婚姻的意义

真正的婚姻必须要有良好的精神基础。它必须是心的结合。真诚、善良、正直，这些优秀的品质都是爱的一部分。双方都应该保持对对方的绝对忠诚。如果一个男人为了自尊心，或者为了获得钱财和社会地位而娶了某个女人，那么，这并不是真正的婚姻。这种婚姻缺乏真诚和爱。这样的婚姻就是一出闹剧。

如果一个女人这样说："我厌倦工作了，我想结婚了，因为我渴望安全感。"那么她结婚的大前提就是错误的。她没有正确地运用意识法则。事实上，她的安全取决于她对意识和潜意识的相互作用的认识程度。

如果一个人能够运用这本书中所列出的技巧，那么他就不会缺乏财富和健康。财富与一个人的配偶、父母及其他任何人都没有关系。没有人能够依靠他（她）的配偶来获得健康、安宁、欢乐、激励、引导、爱、财富、健康、快乐或是世界上的其他任何东西。安全感源于我们每个人自身的力量，源于以一种建设性的方式去应用潜意识的法则。

## 如何吸引理想的丈夫

如果你已经学习过之前的章节，你就会比较熟悉潜意识的运作流程。无论你在潜意识里留下什么，随后你都会在现实世界里经历到这些。现在，就在你的潜意识里设想你所期望的男人，以及他的品质和性格吧。

下面我们来分享一个很棒的技巧:夜里,坐在你的椅子上,闭上眼睛,忘掉其他事,放松你的身体,安静下来,变得被动,变得更善于接纳些。跟你的潜意识讲话,这样跟它说:

我现在正在把这样一个男人吸引到我的经历中来:他诚实、真诚、忠诚、忠贞、平和、快乐、充满活力。我所仰慕的这些品格现在正深入到我的潜意识中来。当我思考这些品格的时候,它们成为了我的一部分,并根植在潜意识中。

我知道有一种无法抵抗的吸引力法则,根据我的潜意识中的信仰,我将一个男人吸引到我这里。我所吸引的是我潜意识里认定为正确的男人。

我知道,我能够为他的安宁和快乐奉献一份力量。他爱我的理想,我也爱他的理想。他不想将我征服,我也不想将他征服。这是相互的爱、自由和尊重。

不断地练习这种灌注潜意识的过程吧,然后,你会感受到一种吸引了一个男人的快乐,这个男人具备你内心所反复设想的品质和性格。潜意识的智慧将为你开辟一条路,根据不可抵挡的,永远不变地流动着的潜意识,你们两个终将相遇。要热切地期望那些最好的品质:爱,奉献和合作。接受这份爱的礼物吧,因为它来自你自己。

## 如何吸引理想的妻子

为了吸引到你所追寻的人生伴侣,你可以按照如下所列的来祈祷:

我现在正按照自己的意愿将一个完全适合我的女人吸引过来。这是一种精神上的结合，因为是神圣的爱，将我和她的性格完美地结合在一起。我知道，我可以给这个女人带来爱情、光明、安宁和欢乐。我感觉得到而且我也相信，我能让这个女人的生活变得完整、圆满和精彩。

现在我命令，她拥有如下的品格和优点：她虔诚、忠诚、守信而真实。她和谐、安静而快乐。我们无可抑制地相互吸引。只有和爱、真理和美丽有关的东西才能够进入我的经历。我现在接受了我的理想伴侣。

当你这样安静地、满怀兴趣地想象你所仰慕和追寻的伴侣的品质和优点时，你就会在自己的思维状态中建立起一种心灵对等的状态。然后，你潜意识中的更深的洪流将会以一种神圣的方式，把你们结合到一起。

## 不需要犯第三次错误

最近，有着多年管理经验的希拉女士跟我说："我有过三位丈夫，他们都很顺从，都靠我做所有决定，靠我管理一切。为什么我遇到的尽是这种男人呢？"我问她，在第二次婚姻之前，她是否期待过第二个丈夫跟她的第一个丈夫有着相似的性格。

"当然不是了，"她很肯定地说，"如果我事先知道他是这样一个胆小鬼，我根本不会跟他产生任何关系的，第三个丈夫的情况也是这样。"

希拉的问题并不在她所嫁的男人身上，而是由她自身的性格所导致的。她是个对自我很肯定的人，在任何情况下，她都有一种强烈的控制欲望。从这个角度而言，她其实想要个顺从被动的伴侣，这样她就可以起主导作用了。

同时,她更深层次的需求却是一个跟她平等的伴侣。她的潜意识所勾勒出的图画吸引的是她主观上需要的伴侣,然而一旦她找到了这样一个伴侣,她就会发现,他并不能满足她的真正需要。她得学习如何采用正确的祈祷过程来打破这种模式。

## 打破消极的模式

希拉终于学到了一个简单的真理。当你相信你能够得到你理想中的伴侣类型时,你就会按照你所相信的方式得到他。

为了打破旧有的潜意识模式,吸引到理想的伴侣,希拉采用了如下的祈祷方法:

我在我的思维状态中构造了一个我深深渴望的男人。我吸引的这个男人会成为我的丈夫,他健壮,有力量,富有爱心,事业成功,诚实守信。他会和我一起找到爱和快乐。我愿意跟随他的领导。

我知道他需要我,我也需要他。我诚实、真诚、有爱心、善良。我能够给他很棒的礼物。这份礼物是一份善意,一颗快乐的心和一个健康的身体。他会给我同样的礼物。这是相互的。我给予的同时也会有所收获。

神圣的智能知道这个男人的所在之处。我潜意识里更深层的智慧正以他自己的方式把我们带到一起。我们马上认出了对方。我向我的潜意识提出了这个请求,他知道该如何满足我的请求。我非常感谢我的潜意识所给出的完美的答案。

她每天早晨做的第一件事情和睡觉前做的最后一件事情就是用这样的方式祈祷。她满怀信心,坚信只要通过用愿望去填满潜意识,就一定能得到心里真正渴求的东西。

## 祈祷的回应

几个月过去了,希拉小姐有过许多次约会和许多场社交活动,但是,在她遇到的男人中,没有一个是她所寻找的。她开始疑惑,难道她的追寻是毫无希望的? 她发觉自己开始动摇。这时候,她提醒自己,无限的智能正在以自己的方式引领着她,她没什么好担心的。当她收到与现任丈夫的离婚判决时,她顿觉轻松无比。

不久以后,她在一家医疗诊所得到了新的工作,做起了管理者。在她工作的第一天,一位资深的大夫来到她的办公室,向她做自我介绍。她面试这个职位那天,这位大夫正在城外参加一个医学会议。

他走进办公室的那一刻,希拉就知道,这就是她一直祈求的男人。很显然,他也有同样的感应。认识后还不到一个月,这位男士就向希拉求婚了。他们的婚姻生活完满而幸福。这位大夫既不被动也不顺从,他健壮、自信、做事果断。他以前是一名大学生运动员,现在在自己的领域里广受尊敬,同时也是非常忠诚的一个人。

希拉最终得到了她一直祈祷的伴侣,因为她一直在心灵中默念自己的愿望,直到达成目标。换句话说,她把心理上和情感上的追求,变成了她自身的一部分。

诚实、真诚、善良和正直也形成了爱。恋爱中的人应该对彼此绝对诚实和真诚。

如果你的生命中缺少爱,那么,请经常这样祈祷吧:"生命的爱、智慧与和谐正通过我来表现。在我的生命中,自信、均衡和平等占据着主导。"

在爱情和婚姻里,我们需要不断地调整和适应,但这并不意味着你要试图征服你的伴侣。那种尝试只会伤害对方的自尊,并引发一种抵触的怨恨情绪，这对婚姻来说是致命的。

## 我应不应该离婚

离婚这件事，各人情况不同，也没有一个对所有人都适用的万能答案。当然，在一些情况下，人们根本就不应该结婚。在另外一些情况下，离婚并不能解决问题。离婚对一些人来说是正确的选择，对另外一些人就是错误的。但一个离了婚的人，可能会比一个过着虚伪婚姻生活的人真诚高尚得多。

比如，曾有位女士向我做过咨询，她说她的丈夫经常用皮带打她，而且偷她的钱去吸毒。她从小所受的教育让她相信，婚姻是神圣且永久的，离婚是不道德的。我向她解释说，婚姻是心与心的结合。如果两颗心能够和谐地，充满爱意地真诚结合，那才是真正的婚姻。爱是心中最圣洁的部分。

听了我的解释，她明白了该怎么做。她知道，她心中并没有什么神赐法则来逼使她遭皮带抽打，逼她受欺负。有人曾说过"我宣布，你们从此成为夫妻"，但这并不能成为她受苦受难的理由。

如果你还在犹豫应该怎么做，那么就请求指引吧。要相信，你所问的问题一定会有答案。在你的灵魂中，指引会悄无声息地降临。按照这些指引做吧，你将获得安静及平和。

## 不知不觉卷入离婚

我曾经跟一对年轻夫妇交谈过，他们刚结婚几个月就想离婚。我发现那位年轻的男士一直在担心妻子会离开他。他期待着被妻子抛弃，并确信妻子会对他不忠。这些念头不停地困扰着他，以至于最后根本无法摆脱。

他的精神一直处于一种猜疑和分离的状态中。她对他反应迟钝,但这都是他自己的感受造成的。通过潜意识的运作,与潜意识下的思维模式相一致的行为,为他们的生活带来了现实的分居气氛。有作用力就有反作用力,有因就有果,有思想就会有行动,而潜意识会对你的思想做出回应。

就像他一直担心和相信的那样,他的妻子离家出走,不久之后就提出了离婚。

## 离婚始于意识

离婚首先是在意识中形成的,随后才有履行法律程序的事实。这对年轻的夫妇之间充满了怨恨、怀疑和愤怒。他们的态度让彼此都变得虚弱,筋疲力尽。他们终于明白了,仇恨只能使人分离,惟有爱使人结合。他们开始意识到一直以来他们的脑子中都在想些什么。他们两个谁都不懂潜意识的行为规律,以致都错用了自己的意识,给彼此带来了痛苦。

根据我的建议,这对夫妇重新回到一起,并开始尝试祈祷疗法。他们开始向对方的心灵播撒和谐、健康、安宁和爱的光辉。他们每晚轮流朗读赞美诗。经由彼此的真诚努力以及潜意识里充盈着的善意的推动,他们的婚姻一天天变得美好起来。

## 唠叨的妻子

妻子爱唠叨,最主要的原因在于得不到丈夫的关注。对爱和关注的这种渴望是合情合理的,然而这种方式,反而将她们的丈夫推得更远。做丈夫的,请关注你的妻子,多多赞赏她,并且要经常表达你对她的感激。

还有一种爱唠叨的妻子,她们渴望丈夫按照一定的规矩办事。这是把自己的伴侣赶走的再好不过的捷径了。妻子和丈夫一定要注意,千万不要成为捕食者,时时刻刻都在寻找对方的小缺点小毛病。彼此关注,互相称赞吧。

## 郁郁寡欢的丈夫

当一个男人因为他的妻子说了或做了什么,而变得郁郁寡欢时,从心理角度讲,他已经是在犯"通奸"罪了。"通奸"的另一层含义是偶像崇拜,即关注那些消极的有破坏性的东西,并在心理上和它们结合。当一个男人不出声地怨恨他的妻子时,他是不忠的。他对他的婚姻誓言不忠,婚姻誓言是这样说的:在他生命的每一天,他都会爱她,珍惜她,并以她为荣。

这个默不作声,满怀敌意的丈夫,如果想改变自己,就应该吞下他尖刻的话语,平息他的怒火,进而尽他所能地表现得善解人意,彬彬有礼。他可以巧妙地绕过彼此之间的分歧,通过赞扬和有意识的努力,化敌意为爱意。当他在潜意识中浸入平和、和谐与爱意的时候,他会发现,他不仅能和妻子相处融洽,连跟其他人的关系也变得融洽了。设想一下和谐的状态,最终你会找到平静。

## 不要和旁人谈论你的婚姻

与你的邻居或是朋友谈论你的婚姻问题是个巨大的错误。设想一下,一个妻子跟她的邻居说:"约翰对我妈妈很不好,他还酗酒,还不断对我施暴,侮辱我。"

不管跟谁交谈,这位妻子都这样贬低自己的丈夫,于是在别人眼里,她的丈夫已经不是一个好男人了。更糟糕的是,当她这样谈论丈夫缺点的时候,她实际上是在自己的脑海里建立起了这样的形象。除了她自己,谁会在乎这些,谁又能感受到这些呢?当你这样想并这样感受时,你自己也会变成这样的人。

亲戚们通常都会给你错误的建议。这些建议往往是片面的，怀有偏见的，因为他们的建议都出于自己的主观感受。任何违背了黄金法则的建议都不是好的建议，只有黄金法则才是宇宙法则。

你还要记住：生活在同一个屋檐下的两个人，不可避免地会产生碰撞，彼此伤害，遭遇关系的紧张期。绝不要跟你的朋友们诉说你婚姻中不幸的一面。吵架要夫妻两人自己吵。不要在旁人面前批评贬低你的伴侣。

## 不要试图重塑你的伴侣

无论丈夫还是妻子，都不要试图将对方重塑为另一个自己。这种毫无意义的改变的意图是一种冒犯，这等于在告诉对方："你是无价值的。"这些尝试永远都是愚蠢的，并且经常导致婚姻的破裂。这种改变对方的企图会伤害别人的自尊心和自信心，会引发一种抵触和怨恨的情绪，这对婚姻来说是致命的。

当然，调整适应是必不可少的。人无完人，婚姻伴侣也没有完人。其实，如果你好好分析一下自己的思想，研究一下自己的性格和行为，你会发现自己的许多缺点，这些缺点够你一辈子忙活的。如果你想着"我要把她（他）变成我想要的样子"的话，你就是在自找麻烦，自寻离婚。你要认识到一个冷酷无情的道理：没有人需要你去改造，你只能改变你自己。

## 共同祈祷共同生活

第一步：不要把前一天的恼怒情绪积累到第二天，它们往往是由小事引起的。睡觉之前，一定要原谅对方说过的那些尖刻的话。早上醒来的那一刻，告诉自己，无限智能又将引导你生活的方方面面。把和谐的充满爱的思想传递给你的爱人，传递给所有的家人，传递给整个世界。

第二步：在早餐时保持优雅。感谢精美的早餐，感谢丰盛的生活，感谢你生命中所拥有的一切。一定不要让那些问题和争论进入到你们的餐桌话题。晚餐也是这样。对你的妻子或丈夫说："感谢你所做的一切。我一整天都向你放射着爱和善意的光芒。"

第三步：丈夫和妻子每晚应轮流祈祷。不要把你的另一半所做的事情当成是理所当然的。请表达出你的感激之情和你的爱。想一想感激和善意，不要想咒骂、唠叨和纠缠。一段美满的婚姻的基石是爱，是相互尊重。睡觉之前，读一些哲学作品或励志作品，古往今来，是这些哲理和智慧在引导着人们前行。当你按照这些真理行事时，你的婚姻会变得更加美好。

每晚睡觉之前，请共同祈祷，这样你们就会待在彼此的身边。不要把前一天的不满或失望带到第二天。在睡觉之前，一定要宽恕对方此前的尖刻。早上醒来的那一刻，大声告诉自己，神圣的智能又将引导你生活的方方面面。把平和的爱的思想，把和谐，把爱传递出去。

**要点回顾：**

1. 对于心理和精神法则的无知，是一切不幸婚姻的根源。如果能经常在一起以科学的方式祈祷，你们就能和谐共处。

2. 避免离婚的最佳时机是在婚前。如果你知道如何正确地祈祷，你就会吸引到合适的伴侣。

3. 婚姻是一男一女因爱而结合。他们的心一起跳动，他们一起前进，一起步入天堂。

4. 婚姻并不能确保幸福。人们通过对永恒真理的思索，对生命的精神价值的思索来寻找幸福。然而，男女都能够为彼此的幸福和快乐做出贡献。

5. 通过不断思考你所仰慕的人所应具备的品质和性格，你会吸引到合适的伴侣。然后，你的潜意识会以一种神圣的方式将你们带到一起。

6. 你必须在你的思维状态中建立一个你所期望的婚姻伴侣的心灵对等物。如果你想在生活中吸引一个诚实、真诚而富有爱心的伴侣，那么你自己也必须诚实、真诚而富有爱心。

7. 你不必在婚姻中犯同样的错误。当你确信能够得到理想中的丈夫或妻子时，你就会按照你所相信的那样得到他(她)。现在就请在思维中接受你的理想伴侣。

8. 不要去想你会怎样遇到你所祈祷的伴侣，你为什么会遇到他们，你会在哪里遇到他们。要绝对地相信潜意识的智慧。它有行使它使命的力量。你不必帮什么忙。

9. 当你对你的婚姻伴侣心怀不满,产生敌意时,你已经在意识上离婚了。因为你已在头脑中种下了错误的种子。请严守你的婚姻誓言:"我保证,在我生命的每一天里,我都会珍惜,疼爱他(她),并以他(她)为荣。"

10. 请不要再向你的伴侣表达你的恐慌。相反请给予爱、和谐和善意,这样你的婚姻会变得越来越精彩。

11. 向彼此投射爱、和平和善意的光芒。这些光芒会被潜意识吸收,为彼此带来信任、喜爱和尊重。

12. 一个唠叨的伴侣往往都是在寻求关注和赏识。他(她)渴望着被爱。请多多称赞他的优点。让他知道,你是爱他,感激他的。

13. 相爱的人之间是不会说出任何不友好的话,做出任何不友好的事情的,他们之间总是满怀爱意。爱就是爱。

14. 婚姻中如果出现问题,一定要向专家寻求帮助和建议。你不会去一个木匠那里拔牙,那你也不应该与你的亲戚朋友讨论你的婚姻问题。如果你需要建议,那就去一个受过培训的人那里吧。

15. 绝对不要试图征服你的妻子或丈夫。这种企图是非常愚蠢的,会伤害彼此的自尊心和自信心。而且,它会引起怨恨,这对婚姻来说是致命的。请不要企图让对方成为另一个你。

16. 请在一起祈祷,这样你们会待在彼此身边。科学的祈祷会解决一切的问题。请在你的脑海中勾勒出你妻子的样子,她应该是快乐、健康、美丽的。同样,经常想象你的丈夫是健壮的,富有爱心的,善良的。将这幅图画保留在脑海中,你的婚姻就会像是天堂里的婚姻,和谐而安宁。

# 第十五章　潜意识与幸福

꙳

　　每天醒来后对自己说："幸福会来到我身
边,我对此满怀信心。"

　　美国的心理学之父威廉·詹姆斯说过,19 世纪最伟大的发现
不是在物理学领域,而是在精神领域,那是人类的潜意识在信仰的
触动下所产生的力量。在每一个人身上,都储存着无尽的潜意识
力量,它可以战胜一切问题。

　　有一天,当你清楚意识到你能够克服任何缺点,意识到潜意识
能够解决所有的问题,能够治愈你的身心疾病,能够让你成功到难
以置信的地步时,真正的幸福就降临到了你身上了。

　　当你与梦寐以求的伴侣订婚时,你可能会感到非常幸福;当你
从大学里毕业时,当你结婚时,当你的孩子降生时,当你获奖时,你
可能都会感到非常幸福。你可以列举出许许多多令你感到幸福的
经历。然而,不管这些经历多么美妙,它们并不能带来真正持久的
幸福感。他们所带来的幸福感都是转瞬即逝的。

当你信任潜意识的力量和智慧时,相信他能在生活的方方面面指引你时,你就会安静和放松。当你奉献爱心,祝福他人时,你其实是在一点一滴地建造你生命的幸福大厦。

## 幸福必须靠你选择

幸福是一种心理状态,你有选择幸福的自由。这看起来非常简单,事实也确实如此。可是偏偏还是有许多人不明白这个道理,并因此在寻找幸福的道路上屡摔跟头。他们并没有意识到,简单是幸福的关键所在。生命中最伟大的是简洁而又充满创造性的事物,它们能带来健康和幸福。

圣·保罗(St. Paul)曾揭示出你如何能按照想象过一种充满活力的生活,他是这样说的:

弟兄们,我还有未尽的话:凡是真实的、可敬的、公义的、清洁的、可爱的、有美名的,若有什么德行,若有什么称赞,这些事你们都要思念。[1]

## 如何选择幸福

现在请开始选择幸福。早晨起来,一睁开眼睛,就这样对自己说:

神圣的秩序掌管着我的生活。今天,我所有的一切都将是顺利的,对我而言,这将是崭新而美好的一天,独一无二的一天。我一整天都将被神圣的力量所引导,我做的一切都将是成功的。神

---

[1] 《圣经·腓立比书4:8》。

圣的爱包围着我,我将和睦地过好这一天。

当我开始走神,开始忽视那些美好的建设性的事物时,我将很快地将注意力拉回来,并重新投注到所有美好可爱的事物上。我是一块精神和心理的磁铁,我不断地吸引着那些能保佑我,能让我成功的物质。今天我所做的一切都将是非常成功的。这一整天我一定都会非常幸福的。

以这种方式开始每一天,这样,你就选择了幸福,你就会成为一个散发着光芒的、快活的人。

## 他让幸福成为了一种习惯

许多年前,我曾在爱尔兰西岸一个叫康纳马哈的地方待了一个星期,住在一个农民家里。主人看上去整天都是乐呵呵的,不是唱歌就是吹口哨,人也很幽默。我向他请教幸福的秘诀。

"当然可以,幸福是我的习惯。"他回答说,"每天早晨醒来时,每天晚上睡觉时,我都会为我的家人祈祷,为我的庄稼和牛儿祈祷,感谢生活送给我这么好的收成。"

四十多年来,这位农民一直是这么做的。你知道,如果规律而系统地重复一些念头的话,这些念头就会进入我们的潜意识,并成为一种习惯。在他看来,幸福就是一种习惯。

## 要渴望幸福

想要获得幸福,有一点是非常重要的:你必须很真诚地渴望幸福。有一些人,他们长时间以来都保持着消沉郁闷的心情,当他们听到一些让人快活的好消息时,反而感觉不大自在。有一个女士就曾跟我说过:"这么高兴简直就是罪过。"他们已经习惯了固有的思维模式,突如其来的高兴会使他们无所适从。他们希望回到以前熟悉的抑郁悲伤的状态中去。

在英国,我认识一位老妇人,她已经患关节炎多年。她会拍着她的膝盖说:"今天关节疼得厉害,我没法儿出去活动了。这关节炎可害苦我了。"她的子女和邻居都很关心她的病情。实际上,她是很喜欢她这老关节炎的。她很享受她所谓的"痛苦"。从潜意识的层面来讲,她并没有真正希望得到幸福。

我向她建议过一种治疗方案。我给她写下了《圣经》中的一些话,并告诉她,如果她能好好读一下这些真理的话,她的心态肯定会有所改变。她的信仰和自信会让她重获健康。但是她对我说的并不感兴趣。像许多人一样,她心理上已经覆满了病态的褶皱,这剥夺了她的健康,带给她疾病和痛苦。可是她的内心其实是喜欢这种痛苦和悲伤的,至少,她喜欢这种痛苦给她带来的好处。而这就是她的关节炎一直不能痊愈的原因。

## 为什么要选择不快乐呢

许多人明明是自己选择了不快乐,但他们却意识不到这一点。他们老是抱有这种黑暗的想法:

- 今天是黑色的一天,诸事不顺。
- 我不会成功的。
- 每个人都跟我作对。
- 生意不好,而且会越来越差。
- 我总是迟到。
- 我从来都没有休假。
- 他能做到,但我不能。

如果你早晨醒来就抱持着这种态度的话,你就会把所有这些不愉快的经历都吸引过来,你会"如愿以偿"的。

要逐渐意识到,你所生活的这个世界到底什么样,这很大程度上取决于你的意识。伟大的罗马哲学家马可·奥勒利乌斯(Marcus Aurelius)说过:"一个人的思想造就了这个人的生活。"19世纪美国哲学家的领军人物拉尔夫·瓦尔多·爱默生也说过:"一个人整天想着他是一个什么样的人,他就会成为一个什么样的人。"你意识里那些习惯性想法往往会在现实生活中悄然实现。

一定不要沉湎于那些消极、失败、沮丧的情绪中。要经常回想那些存在于你意识中的特别愉悦的经历。

## 如果我有100万美元

财富本身并不能给你带来幸福,它不是幸福的决定因素。现如今,许多人想通过购物来获得幸福感,他们买高分辨率的电视机,买最新款的汽车,买昂贵的时装,或是在郊外买别墅,但其实幸福是不能以这种方式获得的。

幸福的大本营扎根在思想和感受中。太多的人误以为别的什么东西可以带来幸福。一些人说:"如果我能当市长,能成为CEO,能在社会上大展宏图,那我就会觉得幸福无比。"

而事实上,幸福是一种心理上和精神上的状态。升职或是外在的荣誉,并不能带来幸福感。你的力量、喜乐和幸福取决于你能否找到潜意识的神圣法则,能否找到你潜意识里的正确行为,并且将这些法则在你生命的各个时期加以应用。

潜意识的神奇力量能让你战胜一切,取得成功并找到幸福。

你并不能买到幸福。幸福的大本营扎根于思想和感受中。

那些能最大限度地发挥自己潜能的人是最幸福的人。

## 幸福是纯净心境的果实

几年前我在旧金山讲课的时候，一位男士向我求助。他情绪欠佳，公司生意也一塌糊涂。作为总经理，他心中充满了对公司总裁和副总裁的怨恨。他认为他们一直在反对他的想法，这导致公司朝着一个很糟的方向发展。公司利润和市场份额都在下降。公司股价也持续下跌，这一点让他倍感忧虑，因为他大部分的薪酬是以股票的方式发放的。

为了解决问题，每天一到早晨，他就默默地陈述道：

公司里所有的人都坦诚相待，都富有合作精神，都虔诚而满怀善意。他们的心理和精神都与公司的发展和繁荣联系在一起。我将从思想上和言行上把爱和善意的光辉洒向我的两位同事，洒向公司里所有的人身上。

总裁和副总裁所做的一切都受到了神圣的指引。潜意识的无限智能让我做出所有的决定。在一切商业交易和人际关系方面，所有的决定都是正确的。

我将我那和平与善意的使者派到了办公室。公司所有的人（包括我）的心中都充满了和睦。我现在要开始新的一天，我目标坚定，满怀自信。

这位经理每天早晨都这样默默祈祷三遍，并用心去感受这些话中的真理。在这些天中，每当害怕或是愤怒的思想进入脑海时，他都会对自己说："静心，我心中尽是和睦与沉着。"

当他以这种方式训练自己思维时，那些有害的想法就不再来侵扰他了，他的心中一片澄明宁静。

后来，他写信告诉我他改变思想两周后的效果。总裁和副总裁把他叫到办公室,夸奖了他富有建设性的点子。他们还说,很庆幸能有一位像他这样的总经理。他感到很快乐,因为他发现人的幸福其实来源于自身。

## 意识中的障碍

几年前,一个朋友给我讲了一个关于马的故事。那匹马被路边树墩旁的一条蛇吓到了,从那以后,每当见到那个树墩,这匹马都会浑身发抖。农夫拔掉了树墩,把它给烧了,铲平了路面,但还是不起作用。那以后的好多年,每次马经过那个地方,还是会吓得战栗不已。这匹马是在害怕"记忆"中的那个树墩。

没有什么能阻挡你去发掘思想世界和心理世界里珍藏的幸福。恐惧和忧虑让你裹足不前么? 恐惧其实不过是你意识中的一个想法。你现在就可以把恐惧从心灵的泥土里挖出来,重新栽植上成功,及战胜一切困难的胜利。

我认识一个破了产的人。他对我说:"我犯了些错误,但是我从中学到了很多。我重新回到了生意场上,这次我将会非常成功。"他勇敢地面对他意识中的那个"树墩",没有抱怨哀号,而是将那个失败的"树墩"挖了出来。他相信他内部的力量能支持他获得成功,他放下了所有的恐惧和消沉。请相信你自己,你也能获得成功,得到幸福。

## 最幸福的人

世界上最幸福的人,就是那些不断挖掘自身潜能中最优秀一面并将之施展出来的人。幸福和美德互补。最幸福的人并不仅仅是那些最优秀的人,最幸福的人往往都是能尽最大潜能好好生活的人。你就是大自然最神圣最杰出的作品。将爱、光芒、真理和美丽更多地表达出来吧,你就会成为当今世界上最幸福的人之一。

希腊斯多葛学派的哲学家埃皮克提图曾说过:

通过宁静心灵和幸福的道路只有一条。因此,在你早晨醒来的时候,在你的一天中,在你入睡时,请让这条道路静卧在侧吧,不要按照外在的世俗标准行事。

请记住,如果你的意识是分裂的,你的潜意识就不会发挥作用。如果你怀疑恒久的幸福能否降临,那么你就不会找到幸福。

**要点回顾：**

1. 威廉·詹姆斯说过，19世纪最伟大的发现是人们的潜意识在信仰的触动下所产生的力量。

2. 你自身潜藏着巨大的能量。当你对这种力量有了足够的信心后，幸福就会降临。这样，你的梦想就会实现。

3. 通过潜意识的神奇力量，你能够战胜一切取得胜利，你能够实现你心里最珍贵的愿望。任何人只要相信潜意识的精神法则，那他就是幸福的。

4. 幸福需要你去选择。幸福是一种习惯，是一种需要经常思索的好习惯。

5. 早晨你睁开眼睛的时候，要对自己说："我今天要快乐，要成功，我要做正确的事情。我今天一整天都要充满爱和善意，我今天会得到宁静。"将生活，爱和兴趣都朝这个方向述说，你就已经选择了幸福。

6. 一天中，记得时刻感谢生活给予你的福气。另外，为你的家人、同事和其他所有人祈祷，祈祷他们安宁、幸福、成功。

7. 你一定要很真诚地渴望幸福。没有渴望，你什么都得不到。渴望是带着想象和信仰翅膀的一种希望。想象一下你所渴望的终于实现，感受他们的真实性，这些渴望就真的会实现。当你的祈祷得到回应时，幸福也就随之降临。

8. 如果你不停地想着恐惧、担忧、愤怒、仇恨和失败，你就会变得消沉。请记住，你的生活就是你所想象的那样。

9. 用尽世界上所有的钱，你也买不到幸福。百万富翁们有的是幸福的，有的不是；单身的人有的是幸福的，有的却不。幸福的大本营扎根在你的思想和感受中。

10. 幸福是纯净心境的果实。把你的思想锁定在平静、沉着、安全和神圣的指引上，你的意识就会满怀幸福。

11. 没有什么能阻挡你的幸福。外在的东西不会阻挡你的幸福。他们是果，而不是因。从你自身寻找线索吧。你的思想才是原因所在，新的动因会产生新的效果，所以请选择幸福。

12. 那些将自身最崇高最出色的潜能发挥出来的人，就是最幸福的人。

# 第十六章　潜意识与和谐的人际关系

请列举出一份尽量完整的"意识清单",然
后选择那些健康平和的想法。这样做,你将会
在人际关系中获得丰厚的收益。

在这本书里,你学到的很重要的一点就是:你的潜意识就像一
台刻录机,不管你给它留下什么样的印记,它都会忠实地刻录下
来。这就是黄金法则起作用的重要原因,在你与其他人建立并维
持一种和谐平衡的人际关系的过程中,黄金法则起着中心作用。

"所以,无论何事,你们愿意人怎样待你们,你们也要怎样待
人,因为这就是律法和先知的道理。"①

这段话有着外在和内在的两重含义。内在的含义与你的意识

---

① 《圣经·马太福音 7:12》。

和潜意识之间的关联有关。

- 如果你想让别人为你考虑的话,那也以同样的方式考虑一下别人。
- 如果你想让别人理解你的话,那也以同样的方式理解别人。
- 如果你想让别人以某种方式对待你的话,那也以同样的方式来对待别人。

例如,你表面上可能对办公室的某人彬彬有礼,但当他转过身时,你的意识却对他颇有微词。这种负面想法对你来说是极具破坏性的,它就像是毒药,会一点点剥夺你的精力、热情和善意。这些消极的情感一旦进入你的潜意识,就会给你的生活带来各种难以预料的苦恼。

## 良好人际关系的关键所在

"你们不要论断人,免得你们被论断。因为你们怎样论断人,也必怎样被论断;你们用什么量器量给人,也必用什么量器量给你们。"①

如果能仔细地研究这些话,并将其内在真理加以运用,那么,你就掌握了建立和谐人际关系的关键。评价别人就是一种思考,就是在你的意识中得出一个心理结论。你对别人的想法是你自己的,你的想法是具有创造性的。实际上,你是根据你自己的经历,你的所想所感来创造对别人的感受和看法。你给别人的建议也就是你给自己的建议,因为你的意识是富有创造性的媒介。

"因为你们怎样论断人,也必怎样被论断。"这句话的含义是

---

① 《圣经·马太福音 7:1~2》。

说：当你为别人设立标准时，你也就在自己的潜意识里设立了这些标准，然后，这些标准会被用到你自己身上。一旦你知道了这个法则并明白了潜意识的工作方式，你就会设身处地地为别人思考，会正确地对待他们。如果你这么做了，你也就是为自己创造了一个拥有正确行为、感受和思想的环境。

"你们用什么量器量别人，也必用什么量器量给你们。"如果你对别人行善，别人也会以同样的方式来报答你。如果你对别人做了邪恶的事，根据潜意识法则，你也会遭到报应。如果某些人欺骗愚弄别人，他实际上也是在欺骗愚弄自己，他的负罪感和失落感总有一天会给他造成损失。他的潜意识根据他意识的动向刻录下了他的心理活动。

潜意识不掺杂个人情感，是恒久不变的，它既不会考虑他人，也不会考虑任何教义。潜意识既没有同情心也没有报复心。你对他人的所思所感所做，最终会轮回到你自己身上。

## 每天的新闻标题都让他感到恶心

现在请观察一下你自己，以及你对他人和环境所做出的反应。把这些反应写下来用作日后研究。你是如何对每天的新闻做出反应的呢？即使别人都是错的而只有你是对的，这也没什么大不了的。如果新闻使你感到烦恼，那其实是你自己的不幸，因为消极的情绪会破坏你平和的心态。

一位女士曾写信给我，请我帮助一下她丈夫。她说，每次读到报纸上的一些评论，她丈夫就会变得异常愤怒。她补充道，这种时不时涌现的愤怒情绪和对这一情绪的极力压制对他的高血压很是不利。医生建议他寻找某种方式来调解情绪，释放压力。

我邀请这位男士来听我的讲座，并特别向他解释潜意识是如何发挥作用的。他明白，因为报纸上的一篇文章而发火是感情不成熟的表现,但他并不知道这种愤怒给他的意识和身体造成了伤害。

他开始意识到,尽管他与报刊评论家观点相左,但他应该允许别人自由地表达自己的想法。同样的,报纸评论家也应该允许他给报纸写信,发表自己不同于评论家的观点。可以不同意别人的观点,但没必要搞得自己不开心。他还明白了一个很简单的道理,影响他的从来都不是别人的所作所说,而是他自己的反应。

明白了这个道理,这位男士也就找到了解决问题的方法。他意识到,通过一点练习就可以控制住这种怒火。他的妻子告诉我,他现在甚至学会了揶揄报纸评论家,尽管他还是那么不喜欢那些人。他也学会了可贵的自嘲。报纸上的文章再也不会让他感到不安和恼怒了。由于他心理上的沉着和平和,他的血压也得到了很好的控制。

## "我恨女人,但是我爱男人"

辛西娅是一家大公司的行政秘书。她跑来找我,因为她觉得自己憎恨办公室的那群女人。她觉得她们总是在嚼她舌根,并且四处散播针对她的恶毒谣言。当我问她是不是和办公室里所有同事的关系都不太好时,她承认跟女同事之间确实有很多问题。她说:"我恨女人,但是我喜欢男人。"

当我继续跟她谈下去时,我发现辛西娅在跟她的下级讲话时,总是用一种傲慢的命令语气。她讲话的方式中透着一种清高和自负,我能觉察出她在哪些地方的说话语气会让人感到不快,但她自己却意识不到这一点。对她而言,她的同事总是以与她作对,给她制造麻烦为乐,这点才是重要的。

如果你办公室或车间的所有人都惹你不高兴,那这种恼怒和不安是否会与你的潜意识形态有关?是否它压根儿就是来自你自身的心理投影？我们都知道，如果你恨狗的话，那么狗就会朝你凶巴巴地叫。动物能感应到你潜意识的震动，并做出相应反应。在这方面，人跟动物是一样敏感的。

我向这位嫉恨同性的女士推荐了一种祈祷方法。我跟她解释说，当她认定自己有精神价值并能肯定生活中存在的真理时，她这种对女人的嫉恨就会消失无踪，她向别人传递仇恨的讯息时，说话语气和做事方式也会随之改变。她诧异地发现，人的感情可以通过说话，做事，写作以及生活中各种各样的事表达出来。

谈话结束后，辛西娅不再怨恨和愤怒了。她采纳了我的建议，每天都在办公室中进行规律而系统的祈祷。

以下是她的祈祷内容：

我无论思考、说话还是做事都充满着爱意。我现在将爱的光辉，将安宁、宽容、善良的光辉洒向所有批评我和说我闲话的人。我的思想是安宁和谐，满怀善意的。

每当我要做出负面反应时，我会很坚定地对自己说："我所思，我所言，我所做，其立足点都是我内心的和谐健康安宁的原则。"在我生活的方方面面，创造性的智能都将带领着我，管理着我，引导着我。

这种祈祷方式彻底改变了她的生活。她发现，办公室里那种充满指责的气氛逐渐消失了。她的同事成了她生命旅途中的朋友。她发现了一条真理：不要抱怨任何人，不要试图改变任何人，我们能改变的只有自己。

## 他内心的声音阻碍着他的升职

一天，销售代表吉姆来找我。他跟公司的销售经理在工作中矛盾重重,这让他深感不安。吉姆在这家公司工作十年了,但是从未得到任何升迁,也没得到过任何肯定。他给我看了一下他的销售数字,很容易看出来,他的销售业绩比其他人都要好。他的解释是销售经理不喜欢他,所以才给予他不公平的待遇。在吉姆的脑海里,这位经理既小气,对别人又有成见,脾气还很差。显然,吉姆对销售经理满怀敌意。在上班的路上,他的脑海里充满了对销售经理的指责。

吉姆想了些什么,那他必然就会得到什么。我们的谈话让吉姆认识到,他内心的声音是极具破坏力的。他这种无声的思想和感情的影响力,他在心中对销售经理的反反复复的谴责和诽谤,都进入了他的潜意识中,这让经理对他做出了负面回应。不仅如此,这还引发了他自己身体上和情绪上的混乱。

在我的督促下,吉姆开始按下面的方法祈祷:

在我的世界里,我是惟一的思考者。在如何看待老板这个问题上,我负有责任,与他自己一点责任都没有。任何人、任何地方、任何事情都不会干扰我,都不会惹我不开心。我希望我的老板能够健康、成功、幸福,能心灵安宁。我真诚地希望他能过得好,我知道,他的所作所为都源于内心的指引。

他缓慢而平静地,满怀感情地反复祈祷。他知道,他的心灵就像是一座花园,种下什么样的种子,就会开出什么样的花朵。

我还教他在睡前进行心理成像的方法。他在脑海中逐渐想象出这样的场景:他的上司肯定他出色的工作表现,表扬他的工作热情,还说顾客对他的服务非常满意。他感受到了这个场景的真实性。他还感到自己在跟上司握手,听到了上司说话,并且看到了上司满意的微笑。他在脑海里放了一场真实的电影,他尽己所能将电影演好。每天晚上,他都会在脑海里这样过一遍,因为他知道,他意识里所有的印记,都会刻在他的潜意识中,他的潜意识就是一个接受的媒介。

经过这种心理上和精神上的渗透过程,这些印记逐渐刻入了他的潜意识,然后它们会自动地表达出来。果然,没过多久,吉姆的销售经理就把他叫到了旧金山,祝贺他升职,让他做了部门销售经理,责任重了很多,工资也有了大幅提高。由于吉姆对他上司的看法和评价发生了改变,所以他的潜意识立刻觉察到了这一点,并敏捷地做出了反应。

不要让世界上任何人影响你的目标。你的人生目标就是向世界展示你潜藏的能力,是为人类服务,是向世界上所有人揭示更多智慧、真理和美丽。

要想与别人处好关系,爱就是答案。爱是理解,是善意,是对别人神性的尊重。

## 做一个心智成熟的人

别人说的话并不能惹恼你,除非你允许它来打扰你。别人能让你感到烦恼的惟一方式就是透过你的思想。如果你想要发火,你的心理要经过这么几个阶段:首先你开始考虑别人说的话是什么意思,然后你决定要发火了,随后,你采取行动了。你的行动方式可能是反唇相讥,也可能是以牙还牙。你看,你的思想、感情、反应和行动都是在你自己头脑中产生的。

什么是心智的成熟呢?就是面对别人的责难,你不会立刻做出孩子气的消极反应。没有人愿意被责难,然而,当别人责难你时,你有能力选择该做出怎样的反应。不要以同样的消极方式对待对方,这才是成熟的行为模式。要明确你自己人生的目标。不要让任何人,任何环境或任何事物打扰你内心的安静,你将始终焕发着健康的光泽。

## 爱的含义

探究爱的含义是心理学上最重要的任务之一。精神分析学创始人弗洛伊德说过,如果人的个性中缺少爱,这个人就会生病甚至死去。爱心包括理解、善意和对别人神性的尊重。你对别人付出的爱和善意越多,你得到的爱和善意也会越多。

如果你伤害了别人的自尊心,那么你也不会得到善意的回报。要知道,每个人都想得到爱和赞赏,都需要感受到自身存在的重要性。要认识到,每个人都清楚自己的价值所在,别人跟你一样,也会感受到自己作为人类的一员是多么神圣。如果你能明白这一点,你就会尊重他人,别人也会回报给你同样的爱和善意。

## 她恨她的观众

玛丽一直梦想成为一名演员。她在大学里学的是戏剧,毕业后非常幸运地被一家很有名气的地方剧院录取了,尽管她对这个地方一点都不了解。在她首场演出时,观众向她发出了嘘声。她感到非常失落和愤怒,她认为那个地方的观众愚昧无知,她痛恨他们。在忍受了一段时间后,她辞职不干了。离开舞台之后,她回到家乡当了一名服务员。

一天,一位朋友邀请她到纽约市政厅去听场演讲,题目是:如何与我们自己相处。这次演讲改变了她的生活。她意识到,对于先前在地方剧院的经历,她反应过激了。她自己也承认,那场剧的剧本写得不太好,而她自己也没有在首场演出中发挥出最佳水平。观众们并没有错,是她自己没有很好地接受观众的反应,反而非常消极地回应了观众。

玛丽决定回到舞台,重拾她当一名演员的梦想。她开始真诚地为观众和自己祈祷。每晚踏上舞台前,她都会将爱与善意播撒。她形成了一种良好的思维习惯,祈愿上苍赐福所有到场的人。每场演出她都会将爱的电波传递给观众。如今,她成了舞台上的主角,她将自己的善意与自信传递给别人,别人也以同样的方式回报了她。

## 如何应付难相处的人

世界上有些人不好相处,这并不奇怪。他们的处境悲惨。这些人都是一些执拗、愤世嫉俗、生活糟糕的人。他们心理上是有毛病的,从前的一些经历使他们心态扭曲。

当你需要与这样的人相处时,你能做些什么呢?我们通常倾向于以同样的方式对待他们,去厌恶他们。但是如果你那样做,你就得先将那些消极的情绪吸收到自己身上来,同时也吸收了这些消极情绪带来的诸多副反应。请努力做到"以德报怨"吧。这会让你穿上一身盔甲,抵御那些令人不快的情绪的影响。同时,你传递出的热情和理解也将逐渐改变对方。

## 痛苦的人喜欢别人陪自己一起痛苦

那些怨恨的、挫败的、扭曲的个性与生活的自然法则是格格不入的。这样的人讨厌那些快活的心灵平静的人。通常,他诋毁那些对自己好的人,甚至对他们恶言相向。他的人生观是这样的:凭什么我这么痛苦,他们却这么幸福? 他想让所有人跟他一起痛苦。那句老话"痛苦的人看不得别人好"现在依旧是真理。你一旦明白了这些,面对这样的人,你就能保持镇静,不为所动。

我在伦敦演讲的时候,一位名叫布鲁斯的男士跟我讲了他的一些经历。在他居住的社区里,有一个美化社区的志愿组织,他也是其中的活跃分子。组织里的大多数成员都对各种活动很感兴趣,他们植树,修花园,平整土地,修理破旧的建筑。但有一名成员,不管别人提出什么建议,他都会反对。更过分的是,他还不断地攻击别人的提议。每次开会的时候,他都会弄得大家很不愉快,越来越多的人干脆就不来开会了。

一些志愿者来找布鲁斯商量对策,他们建议大家团结起来,将这个满腹牢骚的人逐出组织。布鲁斯本来也打算实施这个计划,但他突然意识到,如果真这么做了,这个人就会永远这样扭曲了。所以他没有那样做,相反的,他开始在脑海中想象,这个人变成了一名可爱的,易于合作的成员。每次开会前,布鲁斯都会找一个安静的角落坐下,在心中重复这些话:

我所思,我所说,我所做,都符合我心中和睦安宁的原则。所有成员都遵循组织的宗旨,都满怀善意,都遵守神圣的秩序。这里没有不合,也没有不愉快。我们是在创造性的智能的引导下,做着我们该做的事情。

几个星期后,这个一直制造麻烦的人提出了一项建议。他非常友善地提出了自己的想法,并且得到了组织里所有人的赞同,就连以前想把他撵出去的人也同意了他的提议。

## 换位思考和移情

前几天,一位名叫爱丽丝的年轻女士来找我。她告诉我,一直以来她都讨厌着办公室里的一个女孩,原因是那个姑娘比她漂亮,比她有钱,比她幸福。当她听说这个女孩即将跟公司里那位她一直很倾慕的 CEO 结婚时,更是犹如五雷轰顶。

婚礼后的第二天,那位姑娘带着一个小女孩来上班了,这个小女孩是她和前夫所生。爱丽丝从来都不知道她有个孩子,甚至都不知道她结过婚。由于先天的畸形,那个小女孩装着假肢。爱丽丝听到小女孩对她妈妈说:"妈咪,这也是我新爸爸工作的地方么?我好喜欢这个地方呀,你看,这里满是我喜欢的人。"

"当时我的心突然被小女孩打动了,"爱丽丝说,"我知道那个小女孩一定是幸福的,我当时觉得这位母亲一定也很幸福,太奇怪了,我以前竟然没有发现这一点。突然间,我觉得我爱这位母亲了,我走进办公室,衷心地祝愿这位姑娘。"

那一刻,爱丽丝实际上体验到了心理学家所说的"移情"。这与同情是不一样的。同情是指我们能理解别人的感受。移情比这还要更进一步,是指站在另外一个人的角度去思考,去感受。爱丽丝在心里扮演了那位母亲,也扮演了那位孩子的身份,因为她站在了她们的角度去思考和感受。

如果你很容易愤愤不平,那就请站在别人的角度去思考去感受吧。感受别人所感受的,体验别人所体验的,思考别人所思考的,你就会体会到"要爱人如爱己"的真理。

## 姑息纵容绝不会成功

一些人喜欢用哭闹和发脾气的方式来进行"心理勒索",不要被这样的人利用。这些人犹如独裁者,企图奴役你,让你按他们的要求行事。对这样的人要客气,但更要坚定立场,不要屈从。姑息纵容对你没有什么好处。不要去满足别人自私的占有欲。请记住,要做那些正确的事情。在这个世界上,你有你自己的理想要去实现,要忠实于生命中永恒的价值和真理。

要忠实于你自己的理想。要绝对清楚地知道,造物主赐予你宁静、幸福和满足,也必然会保佑所有的世人。部分的和谐就是整体的和谐,部分包括在整体中,而整体是由部分组成的。你欠别人的只有爱,爱是健康幸福和心灵宁静的源泉。

　　要在心智上走向成熟,允许别人与你意见相左。别人完全有权利不同意你的看法,你也同样有权利不同意他们的看法。你们之间可以意见不同,但没有必要为此感到不快。

### 要点回顾：

1. 你的潜意识就像一台录音机，忠实地记录着你的习惯性思维。把别人往好的方面想，就是在把你自己往好的方面想。

2. 愤愤不平的思想如同心理毒药。不要把别人往坏处想，把别人往坏处想就是把自己往坏处想。在你的世界里，你是惟一的思考者，你的思想是具有创造性的。

3. 你的心理是有着创造性的媒介。因此，你对别人怎样想或怎样感受，你在生活中就会经历别人对你同样的反应。这就是黄金法则的心理学含义。要让别人怎样想你，你就应该怎样去想别人。

4. 欺骗伤害别人最终会欺骗伤害到自己。你的潜意识记录着你内心的动机。如果他们都是消极的，那你就会有无尽的烦恼。你对别人的所作所为就是对自己的所作所为。

5. 你所做的一切善行，你给别人的所有的爱和善意，都会得到回报。得到的会比给予的多得多。

6. 你怎样看待别人由你自己负责，与别人无关。你怎样想就会得到怎样的反馈。现在，你是怎样看待别人的呢？

7. 要在心智上走向成熟，允许别人与你意见相左。别人完全有权利不同意你的看法，你也有同样的权利不同意他们的看法。你们之间可以意见不同，但没有必要因此不快。

8. 如同动物能够感应到你的恐惧一样，许多人也同样敏感。你以为你的思想已经被隐藏起来，但实际上它通过你的声音，你的面部表情，你的肢体语言完完全全地表露出来。积极的和消极的思想都是如此。

9. 你内心的语言代表着你的思想和感受,可以在别人对你的反应中体会出来。

10. 想要祝愿自己什么的话,也要同样祝愿别人什么,这是和谐人际关系的关键。

11. 改变一下对你老板的看法和评价。要感受到他(她)是以黄金法则,以爱的原则来做事的。你的老板会感受到你的想法并有所回应的。

12. 别人是不能惹恼你的,除非你允许他们这样做。你的思想是富有创造性的,你可以为他们祈祷。

13. 跟别人相处好的万灵药是爱心。爱是理解,是善意,是对别人神性的尊敬。

14. 请同情并理解那些令人不快的人吧,是他们的环境让他们变成了那样。如果我们每个人都和善地对待他们,就会发现他们身上依然有神性的光辉。理解一切就是宽容一切。

15. 当别人取得成功时,与他们一起高兴吧,这样,你也会给自己带来好运气。

16. 当别人进行心理勒索或发脾气时,绝不要屈从。姑息迁就不会带来任何益处。不要成为受气包。要坚持自己的理想。那些能带给你平静,幸福和快乐的想法才是正确的。

17. 你所欠别人的只有爱心。爱就是祝愿所有的人得到想要的东西——健康,快乐和所有的赐福。

# 第十七章  运用潜意识宽容别人

〜

> 宽容的真正含义是宽容你自己。宽容就是让你的思想与天赐的和谐法则相一致。自我谴责就如同地狱，充满了约束和限制，而宽容如同天堂，洋溢着和谐与安宁。

生命中没有宠儿，当你阅读这些文字并思考的时候，这条生命原则正在你身上得到体现。上苍通过你来展现和谐、美丽、欢乐和富足。

如果你在思想里为自己的生命流动设置重重障碍，这种情感的阻塞就会影响到你的潜意识，会引发各种各样消极的状况。世间的这些悲伤和混乱与命运是没有关系的。所有的这些都是由我们人类的消极的破坏性思想造成的。因此，如果你把你的烦恼和疾病都归结于命运的话，就大错特错了。

许多人习惯性地为生命的流动设下思想的障碍，他们指责抱怨，认为命运使他们遭受罪恶、疾病和痛苦。还有一些人因为自己的病痛，因为失去了所爱的人，因为个人的悲剧就抱怨，认为是命不好造成了这些痛苦。

如果人们抱有这种消极看法的话，他们就会体会到潜意识自动带来的消极回应。他们不懂得，他们正在惩罚自己。他们一定要看到真相，要找到释放的方式，不要再归咎于任何人或任何他们自身之外的力量。做不到这一点，他们就无法健康快乐地生活。当他们能在心中感受到生活的慈爱时，当他们相信命运一直在照顾他们，一直在给予他们生活的力量时，他们的潜意识就会立马接收到生命的法则，他们也会立马发现，有一种神圣而美好的力量一直在生活的方方面面保护着他们。

## 生命对你一直是宽容的

生命法则是你无限宽容的源泉。当你划破手指时，生命会原谅你，你的潜意识会立刻开始修补工作，让新的细胞在伤口处相互重新搭接；如果你误服了有毒的食物，生命会原谅你，让你吐出食物来保护你；如果你烧伤了手，它会消去浮肿，加快血液循环，让你长出新的皮肤、组织和细胞。

生命不会埋怨你，他总是宽容你。如果你的思想与自然保持和谐一致，生命就会让你恢复健康，带给你活力与安宁。消极的思想，痛苦的回忆，对他人的愤愤不平都会阻碍你身上生命的流动。

## 消除内疚感

哈利特每天夜里都工作到很晚，回到家时经常已是凌晨。她以为上司和同事都会拍着她的肩膀赞扬她工作很努力，然而他们并没有。由于晚上只有她自己一个人在办公室里工作，别人甚至都不知道她工作到那么晚。而同时，她的家庭生活也一团糟。她丈夫和两个儿子很少能见到她，甚至都快忘了她长什么样了。当他小儿子所在的少年棒球队打入地区决赛时，她不仅没去观赛，甚至都忘了问一下哪个队赢了。更要命的是，医生警告她，她的高血压正在不断恶化，已经危及到了生命。

当哈利特的丈夫向她提出分居时，她赶紧跑来找我咨询。我问她为什么那么冷落她的丈夫和儿子。一开始，她试图以工作忙为借口，她说她必须努力工作才能保得住自己的饭碗。我又问她，那她的同事也一样卖力吗？她承认并非如此，她的同事们都是按正常的上下班时间工作，而且工作成果并不比她差。

我试着向她解释她为什么会这样卖力地工作。

"你这样努力地工作，可能是因为你内心里有什么不安，否则你不会这样做的。你实际上在借此惩罚自己。"

一开始她并不承认，她不断地辩解说自己的工作习惯是很正常的，别人不这样努力工作是因为别人太懒。而最后，她终于承认在她内心深处有一种深深的内疚感。15年前，在她的父亲逝世之后，她将一大笔本该属于她弟弟的钱据为己有了。

"你为什么要那么做呢？是因为贪婪吗？"我问她。

"当然不是了！"她回答说，"我的弟弟，嗯，他吸毒。我想如果我把钱给了他的话，这钱肯定就没了。我对自己说，我是在替他存着这笔钱，等他戒毒后我再还给他。"

"然后呢？"我问。

哈利特深深吸了一口气。"我再也没有机会还给他这笔钱了，他自杀了。或许他并不是有意这么做的，但对我来说都一样。他才26岁呀。我一直在想，如果我没有自己留下这笔钱的话会怎么样呢？或许他会用这笔钱去戒毒所戒毒的，或许他现在依旧跟我们生活在一起。他的死是我的错误造成的。"

我问她："如果让你重新选择一次的话，你会怎么做呢？"

"我不知道，"她摇着头回答说，"但我知道，我一定会尽我所能帮我的弟弟,而不是因为他的错误瞧不起他。"

"但在当时,你觉得你这么做是合情合理的,你认为自己在做一件正确的事情,是么?"

"当然了,"她说,"但是现在我觉得我当时做得不对,那笔钱根本就不属于我。"

"现在让你重新选择的话,你就不会据为己有了?"

"不会的,"她回答说,脸色变得凝重起来,"但现在说这些都没什么用了。我无法原谅自己,我偷了我惟一的弟弟的钱,现在他死了。命运惩罚我是对的,我罪有应得。"

我跟她解释道,并不是命运在惩罚她,是她自己在惩罚自己。如果你误用了生命的法则,你就会遭受相应的痛苦。如果你把手放到裸露的带电电线上,你肯定会被电击到。自然的力量并不是邪恶的,你运用自然力量的方法才决定了这种力量是好还是坏。电能并不是邪恶的,你可以用它来点亮房屋,也可以用它杀死别人。世间惟一的罪恶就是对法则的无知,人们对法则的这种误用,会自动引发反应,这是对人们的惟一惩罚。

如果你错用了化学法则,那么你就可能炸掉你的实验室。如果你用你的手来捶打木板,你的手就可能流血。木板并没有错,错在你误用了它。

最终,哈利特在我的帮助下明白了,命运并没有要诅咒她或惩罚她。所有的痛苦都源自她的潜意识对她的消极破坏性的思想作出的反应。她需要的是宽容。宽容就是让你的思想与和谐法则相一致。自我谴责就是地狱,充满了限制和束缚,而宽容就是天堂,洋溢着和谐与安宁。

她如释重负,不再内疚了。她的身体也在逐渐康复,第二次检查身体的时候,血压就恢复了正常。我的解释对她起到了治疗作用。

## 一个杀人犯学会了宽恕自己

几年前,亚瑟在欧洲谋杀了一个人。他来见我的时候,正遭受着内心的折磨。他认为,上苍一定会惩罚他,因为他犯下了如此重罪。我问他到底发生了什么,他说,那个人跟他的妻子有染,他打猎回来的时候,正好撞上他们在一起鬼混,盛怒之下,他拔枪杀了那个人。法律并没有严惩他,他只是在监狱里服了几个月的刑。

出狱后他与妻子离了婚,移民到了美国。几年后,他遇到了一个美国女人并跟她结了婚。他和他的妻子很幸福,有 3 个可爱的孩子。他的事业也很成功,能帮助很多的人。他的同事们都很喜欢他,也尊重他。但所有的这一切都不起作用,这么长时间过去了,他依旧为曾经犯下的错误而深感愧疚。

听完亚瑟的故事,我向他解释道,科学家告诉我们,我们身上的所有细胞每 11 个月都会更新一次。从生理角度来讲,他与多年前的那个他已经不再是同一个人了,另外,在心理上和精神上,他也已经完完全全变了个人,他现在充满了爱和对人类的怜悯。数年前犯下罪行的那个人在心理上和生理上都已经死去了。如果亚瑟你还不能宽恕自己的话,你实际上是在诅咒一个无辜的人。

这个解释让他产生了很大的变化。他感到如释重负。

## 没有你的同意,指责伤不到你

有一次我讲完课后,一位名叫蕾梦娜的老师来见我。她跟我说,最近她发表过一次讲演,讲演结束后,一个同事给了她一张纸条,上面满是批评之词,说蕾梦娜你说话太快了,好像吞掉了好多字,有时候根本听不清楚,你措辞不当,板书潦草。

这位教师感到很受伤害,也很生气。对于同事的批评,她的内心充满了怨恨,在学校里,她也尽量避免跟那位同事接触。

当我问她那些批评是否有道理的时候,她最终还是承认了,说很多批评都是合理的。因为从来没在成人面前演讲过,她一点经验都没有,演讲之前她一直很紧张,演讲结束后她暗自庆幸终于熬过来了。或许这就是为什么同事的批评让她如此受伤的原因,正如一个刚学会走路的小孩因为跑不快而受到斥责,毕竟对这个小孩来说,能走路就已经是个奇迹了。

我们谈着谈着,蕾梦娜就意识到自己当初的反应有点小孩子气。同事的批评是帮助她的良药。为了提高讲演水平,她报名参加了附近大学的公众讲演课程。后来她还回信给那位同事,对他的帮助表达了谢意。

## 如何变得富有同情心

假如蕾梦娜完全有理由相信,对她演讲的那些批评之词是错误的,情况又会怎么样呢?如果是那样,蕾梦娜就应该意识到,她演讲的内容或方式或其他什么惹恼了批评她的那个人,而那个人既偏见又迷信,说不定还怀有狭隘的宗派利益。这时候问题就不在她身上了,而出在批评她的那个人身上。

明白了这一点就迈出了宽容的最重要的第一步。自然而然的下一步就是理解那个人,并为那个人的平安及和谐祈祷。你是你思想的主宰,是你情绪和活动的主宰,如果你不愿意,别人就无法伤害到你。感情跟随着思想,你有权拒绝那些让你烦恼的思想。

宽容就是衷心地祝愿别人能得到那些希望得到的东西——和谐、健康、安宁以及世上所有的赐福。

为了永久治愈,我们要进入一种满是宽容和善意的精神境界。生命不会抱怨,生命对待我们总是宽容的。如果你的思想与自然保持和谐一致,生命就会带给你健康、活力、和谐和安宁。痛苦的回忆,苦涩和恶意则会阻碍你生命的自由流动。

## 被摞在了圣坛上

几年前,我应邀主持婚礼,新郎没有来。两个小时后,新娘掉泪了,她对我说:"我祈祷上帝的引领,他不来或许就是对我祈祷的回应,因为上帝是诚信的,从不失信于我们。"

这就是她的反应,相信一切事物的美好。她内心并没有多大的痛苦,因为她说:"尽管我很希望结婚,但是这个婚礼一定是错误的,因为我祈祷的是做出正确的事,不仅对我来说是正确的,对我们两来说都应该是正确的。"别人如果经历同样的事可能会大发脾气,但是这位姑娘却是如此平静地对待这件事。

要相信潜意识深处的无限智能。相信它的引领如同母亲的怀抱一样安全,这就是获得身心健康的方法。

## 结婚是不对的么;性是邪恶的,我也是邪恶的

曾经有位年轻的姑娘,在听完我的演讲后来见我。她告诉我她叫凯罗尔。我被她的样子吓了一跳:她穿着全黑的裙子,穿着黑色的长筒袜,苍白的脸上毫无表情,也完全没有任何打扮。凯罗尔很懂得克制自己,但看起来防备心很重,她似乎觉得周围的人会突然向她发火。

很快,凯罗尔跟我讲起了她受到的教育。她是由母亲带大的。母亲跟她说,跳舞、打牌、游泳、与男人约会都是罪恶的,在她母亲看来,所有的男人都是罪恶的,性也是罪恶的,是恶魔般的放荡。如果她违背了这些旨意和教导,她就会永远在地狱的烈火中焚烧。

当凯罗尔跟办公室的一个年轻小伙子约会时,她感到非常惶恐。一个跟她很亲密的小伙子曾向她求婚,但被她拒绝了,她跟我

说："结婚是错误的,性是邪恶的,我也是邪恶的。"这就是她早期的道德观和心态。

这个姑娘肯定会感到内疚的,她怎么可能不内疚呢?她没有办法按照她妈妈的信条来生活。让她相信这些信条是错误的也不太可能。因为我们践行着的生命法则一直都试图得到承认和表达。

我向凯罗尔建议,让她试着宽恕自己。宽容意味着放弃,她必须放弃那些旧有的错误信条,从而去发现生活的真理,去重新评价自己。

凯罗尔每周都来向我咨询,这样大概过了 10 周。我向她解释了意识和潜意识的关系。她逐渐意识到,过去的她完全被母亲的无知、迷信、偏执和病态的思想所奴役。她应该开始一种全新的生活。

在我的建议下,凯罗尔开始穿漂亮的衣服,她还到市区的美容店做了一次全方位的美容。她学习跳舞、开车、游泳、打牌,并开始和年轻小伙子们聊天。她完全从她的家里挣脱了出来,她开始热爱生活。

当凯罗尔发现了自己的天性以后,她开始祈祷潜意识的无限智能带给自己一个理想的伴侣,并且能跟他完全地融合在一起。一天晚上,她离开我办公室的时候,一位男士正好在外面等我。我很随意地替他们做了介绍。6 个月后,他们就结婚了,现在一起生活得很幸福。

## 宽容能治愈心灵的创伤

你们站着祷告的时候,若想起有人得罪你们,就当饶恕他,好叫你们在天上的父也饶恕你们的过犯。①

---

① 《圣经·马可福音11:25》。

能宽容他人才能做到心灵宁静，才能获得健康。如果你想得到健康和幸福，你就必须宽恕那些曾经伤害过你的人。让你的思想与宇宙和谐法则相一致，你就能够原谅自己。如果你不能首先宽恕别人，你就不会完全地宽恕你自己。拒绝宽恕你自己就是精神上的傲慢和无知。

如今的医学是与身心都有关的。医生们不断地强调，对别人的怨恨、指责、敌意等情绪是许多疾病的根源，能引起关节炎，心脏病等。这些消极的情绪所引起的压力能直接破坏身体的免疫系统，让你易受感染，易被疾病侵扰。

压力相关疾病方面的专家也指出，如果人们被伤害，他们往往会对那些伤害他们的人或事充满怨怼。这种反应会使他们潜意识里的伤口发炎化脓，治疗方法只有一个，他们必须将自己的伤口清除，而惟一的方式就是宽恕。

## 宽容是爱的表现

宽容这门艺术的精华就在于要有宽容的意愿。如果你很真诚地渴望宽恕别人，那你就已经成功了一半。当然，你心里很清楚，对别人宽容并不意味着你会喜欢这个人，你以后会跟这个人继续交往下去。没有人能强迫你喜欢一个人，正如政府无法将善意、爱、和平及宽容法律化一样。你并不会因为别人的命令而去喜欢某个人，但即使我们不喜欢一些人，我们也可以关爱他们。这一点非常重要。

《圣经》中说，人们要彼此相爱。这乍一听似乎不太可能，但是每个人只要愿意去做就肯定能做到。爱就是祝愿别人能得到健康、幸福、安宁和快乐，祝愿别人一切美好，它的先决条件只有一个，那就是真诚。当你宽恕别人的时候，并不意味着你有多么宽宏大量，你实际上是很自私的，因为你祝愿别人什么，实际上就是在祝愿你自己什么。理由很简单,当你去想,去感受时,你就成为了你所想所感的,因为你就是你的所想。

## 宽容的技巧

有一个非常简单但有效的方法能让你做到宽容。当你这样做时,你的生命中就会发生奇迹。让你的心灵安静下来,放松,忘掉所有的事情,想一想生活多么宽容而美好,然后在心中肯定地默念:

我已经完全地、真诚地原谅了他(想一下冒犯你的人的名字),我从心里和精神上都放过了他(她)。我宽恕了所发生的一切事情。我自由了,他(她)也自由了,这种感受真美妙。

今天是我的大赦日。任何曾经伤害过我的人我都宽恕了他们,我祈祷他们健康、平安、快乐,祝他们一切都美好。我宽恕并祝福他们的时候,我是快乐的,自由的,充满爱意的。每当我想起那些曾伤害过我的人时,我就会说:"我已经放过了你,祝你的生活一切都美好。"我自由了,他们也自由了。这真是太棒了!

一旦你真正原谅了对方,你就不必再祈祷了,这就是秘密所在。无论何时,只要你心中想起某个曾伤害过你的人时,就请为他祝福。常常这样做你就会发现,几天以后,你想起那个人的次数会越来越少,最后干脆彻底把他忘掉了。

## 宽容的酸性试验

勘探者和珠宝商会用酸性试验来看黄金是真是假,对宽容也有一种类似的试验。试想一下,如果我告诉你有关某人的好消息,而这个人曾经伤害过你,你听到这个消息后心里会不会嘶嘶作响,像被酸灼烧了一样? 如果是的话,说明你潜意识里的怨恨还没有消失,还在作怪。

假设你去年曾有过一次很痛苦的拔牙经历,你现在跟我说起这段经历,我问你现在还疼么,你会惊讶地看着我说:"肯定不疼了呀。我仍然记得那种疼是什么感觉,但是我现在感受不到那种疼了。"

事情就是这样的。当你真正原谅了一个人的时候,你依然会记得那件事,但那件事已经不会再伤害到你了。这就是宽容的酸性试验。当你在心理上和精神上都能做到宽容对方时,才是真正的宽容,否则的话就是自欺欺人。

## 理解一切就是宽容一切

当你能真正认识自己的内心,认识意识的创造性法则时,你就不会再谴责别人,不会再抱怨你的周围环境。你会意识到,你的思想决定了你的命运,外因并不是左右你生活和经历的真正原因。类似于别人能破坏你的幸福,命运会残酷地把你踢来踢去,你得和别人拼命抗争才能生存等等的想法都是极具破坏性的,当你认识到思想就是一切时,你就会意识到这一点。《圣经》里说过:

因为他心怎样思量,他为人就是怎样。①

---

① 《圣经·箴言 23:7》。

要点回顾：

1. 生命面前人人平等。生活中并没有宠儿。常常思念和谐、健康、快乐和安宁,你就会得到生命的关照。

2. 生命从来都不会让你痛苦,让你生病,让你出事。痛苦来自我们消极的破坏性的意识,种瓜得瓜,种豆得豆,这是真理。

3. 你生命中最重要的事情是你如何看待命运。如果你相信生活是慈爱的,那么你的潜意识就会给你带来无尽的幸福。

4. 生命不会怨恨你。生命从来都不会指责你。当你的手指划破时,生命总是为你修复。当你烧伤了手时,生命会为你消肿,让伤口恢复到原来的样子。

5. 你的内疚综合症是出于对生命的错误认识。生命不会惩罚你。你的信仰是错误的,思想是消极的,你喜欢自责,这才导致了你的潜意识对自己的惩罚。

6. 生命不会谴责你,不会惩罚你。自然的力量并不邪恶。对自然力量的应用取决于你如何利用你的内在力量。你可以用电能来杀人,也可以用它来照明。你可以用水来淹死一个孩子,也可以用水给孩子解渴。好和坏取决于人心里的想法和目的。

7. 生命从来不会惩罚人们。人们因为他们对生命,对宇宙的错误看法而惩罚自己。你的思想是有创造性的,你创造了自己的痛苦。

8. 如果别人批评你,而且你确实错了的话,你就应该感到高兴,应该感谢对方,因为这给了你改正错误的机会。

9. 当你明白你是自己的思想行为和感情的主宰时,你就不会因别人的批评而受伤。这给了你为别人祈祷的机会,这样做的同时你也是在为自己祈祷。

10. 当你祈求引领,做出正确的决定的时候,接受心中出现的感觉和美好的意念,要意识到这些感觉和意念是非常可贵的。没有理由去自怜,去指责,去怀恨。

11. 事情的好与坏取决于你的想法。人们追求美食、性爱、财富,追求自我实现,这都没有什么错。一切都取决于你怎样利用你的欲望或抱负。你想要一块面包,没有必要靠杀人来实现这点愿望。

12. 怨恨和敌意是许多疾病的根源。要宽恕你自己,要原谅所有的人,将爱、活力、快乐和善意散播给曾经伤害过你的人。一直这样做,直到能够真正在心里与他们和平相处。

13. 宽容意味着付出。将爱、平和、快乐、智慧和生活中的一切赐福散播给别人,直到你心里再无刺痛。这是宽容的试金石。

14. 如果别人伤害了你,欺骗了你,侮辱了你,如果别人对你的所作所为都是邪恶的,那么你是否会把这个人想得很坏呢?如果是的话,你就并没有做到宽容。仇恨依旧根植在你的潜意识中,一抓住机会就兴风作浪。惟有爱心才能根除仇恨。为那个人祈祷吧。

# 第十八章　运用潜意识消除心理障碍

你可以在你的思维中形成一种自由的思想，构建起安宁的心灵，这些都是可以进入你的潜意识中去的，而你的潜意识是无所不能的，它能让你戒除一切坏习惯。做到了这一点后，你就会对你的意识是如何工作的拥有全新的理解，你会发现自身无穷的力量，这种力量能够支撑你，能够向你展示真善美。

当你面临困难不知所措时，你会怎么办呢？解决的方法就藏在问题本身，每一个问题都暗含了答案。你潜意识的无限智能是万能的，它对一切洞若观火，它知道问题的答案，而且它会把答案揭示给你。

但是你一定要认真地听。你一定要信心十足地按着你潜意识的要求去做。当你认识到，你自身的创造性智能能带来完美答案的时候，你就已经形成了新的心理态度，你就会找到你所寻求的答案。请放心吧,这种心理态度一定会使你的生活井井有条,让你心情平静,并为你所做的一切赋予意义。

## 如何改变或养成习惯

习惯造就了我们所有的人。潜意识通过习惯来发挥作用。我们通过一遍又一遍的有意识的练习,才学会了游泳、骑自行车、跳舞、开车,这些技能已经在我们的潜意识里留下了印记。我们做这些事情的时候,就是靠着潜意识自动地发挥作用,所以这些行为被人们称为"第二天性",它是潜意识对言行的自动反应,这是"第一本能"所不能的。

如果我们能养成习惯的话,那自然我们也能够选择养成一个好习惯还是一个坏习惯。如果你不停地重复消极的思想和行为,一段时间过后,你就会将自己置于此习惯的强迫之下。潜意识的法则是:它有能力迫使你做出某些事情。

## 戒酒

当鲍勃来找我时,他几乎已经对自己绝望了。"我因为喝酒而没了工作,没了老婆,没了家庭,"他跟我说,"我老婆甚至在电话上都不愿跟我说话,她也不让我见我闺女。我不知道该何去何从了。"

"你试过戒酒么?"我问他。

"当然试过啊,"他回答说,"试过好多次了。我确实也曾经戒掉过一段时间,但后来又有了一种无法控制的冲动,然后我又狂喝了两周,这糟透了!"

这个不幸的人一次次重复着同样的遭遇,他意识到自己已经养成了酗酒的习惯,他知道自己必须改掉这个习惯,然而,当他用意志力来控制这种欲望时,只能暂时起作用,但事后情况总是变得更糟。戒酒不断失败的事实让他感到绝望,他感到自己无力控制自身的欲望。这种绝望感渗入到他的潜意识中,使他变得更加糟糕,使他的生活中充满了一连串的失败。

我告诉他,意识和潜意识要进行协调才能起作用,当两者协调一致时,根植于潜意识的愿望才能得到实现。应该认识到,既然旧习惯给你带来了麻烦,你也可以有意识地去形成新习惯,你可以获得自由、清醒和心灵的安宁。

他知道,正是通过他有意识的选择,他的恶习才成为了一种自动的行为。他改变了做法,在脑海中形成了一幅他所期望的画面,他知道,潜意识可以很容易地实现那幅画面。他想象着女儿用温暖的拥抱欢迎他回家,"噢,爸爸,你能回来真是太棒了!"

他不断地练习,坐下来沉思,重复上述想象。只要注意力一分散,他就立刻提醒自己,想象女儿的微笑,想象女儿那快活的声音让家里充满了温暖,这样,他就又会集中注意力。他不停地这样做,他知道,他的潜意识迟早都会建立起一种新的习惯模式。

我告诉他:"你可以把意识比做相机,潜意识则是相机的感光板,感光板可以完全地记录下意识折射给它的画面。"这个比喻给他留下了很深的印象,他所有的目的就是要"感光"他心中的画面,让它成像。相片是在暗室里冲洗出来的,同样,想象的画面也是在潜意识的暗室中形成的。

## 集中注意力

鲍勃认识到,他的意识就像是一部相机,他不必做出心理上的挣扎,只要静静地调整自己的思想,将注意力集中在心中的画面上,直到完全认同这个画面为止。他经常沉浸在这种想象中,心中一遍遍地回放着那些画面。

他毫不怀疑这种画面一定会实现，只要有酗酒的冲动，他就会立刻警醒，不去想任何与酒有关的东西，而是去想象合家欢乐的情景。他成功了，因为他坚信他会去经历心中的画面。如今，他再也不酗酒了，他全家团圆，事业有成，非常幸福。

## 鬼魂缠身

鲁斯是一家公司的创始人，公司的主要业务是为专家们管理账务和文件，公司一开始经营得非常成功，但最近情况有了些变化。

"最近3个月来，我不断地摔跟头，我真是觉得有鬼在跟着我。"鲁斯说，"我真的不明白，为什么突然间，所有的大门都向我关闭了。我煞费苦心地与客户谈判，却总是在最后要签字的一瞬间失败。一次次总是这样，这到底是怎么了？"

"这种状况持续多久了？"我问她。

"这3个月来一直这样，大概是从4月中旬开始的。"她回答说。

我有点好奇，问她："这日子你怎么记得这么清楚呢？是不是那时候发生过什么事情？"

她皱着眉头说："真让你说对了！我那时候向一个牙医推销过我们公司的服务。我跟他说得很详尽，我告诉他如果他让我们公司帮忙处理那些枯燥的文书的话，他会省下很多时间和精力，会省下很多钱。他当时觉得不错，口头上也答应了。但当我给他寄合同的时候，他却反悔了！真是气死我了！"

"然后呢……？"我接着问。

"然后这样的事情就一件接一件地发生，"她闭着眼睛说，"我肯定被鬼魂附体了，只能这样解释了。"

"确实有鬼魂跟着你，"我向她解释道，"你对牙医的怨恨和不满在你的潜意识里留下了这样的信息：你以后的客户都会在最后一刻毁约的。这种信念带来了沮丧和障碍，你的头脑里逐渐形成了这样的期望：你所有的客户都会在最后一刻突然决定不签约了。这种期望一旦在你的潜意识里留下印记，就会带来你所恐惧的状况。接连的失败更强化了你的想法，让你觉得自己注定要失败，这就形成了恶性循环。"

鲁斯逐渐意识到，问题出在她自己的思想上，她要改变这种心态才行。她于是开始了如下的沉思默念：

我知道在我的潜意识里有一种无限智能，它不知道什么是障碍或拖延。我生活在对最美好事物的快乐期待中。我内心深处会对我的思想做出反应。我知道潜意识是无所不能的。不管干什么，无限智能都能够成功地做好。

创造性的智慧能让我完成我的计划和目标。不管我干什么，我都会把它干好。我的生活目标就是要提供最佳的服务，我祝福所有跟我有过接触的人，我所做的一切一定会结出丰硕的果实。

每天早晨工作之前，以及每天晚上睡觉之前，她都会重复上述祈祷。不久，她的潜意识里就建立起了这种新的习惯模式。她又开始像以前一样，成功地说服客户们跟她签订合同。那个鬼魂附体的想法早就被她忘掉了。

## 对于你想要的东西，你的渴望到底有多强烈呢

从前，一个年轻人问苏格拉底怎样才能得到智慧。

"跟我来吧。"苏格拉底说。他把年轻人带到河边，把他的头按到水中去，直到这个年轻人挣扎着出来喘气，他才放手。

当这个年轻人恢复镇静后，苏格拉底问："你的头在水下的时

候你最渴望得到什么?"

"空气。"年轻人回答。

苏格拉底慢慢地点了点头:"当你需要智慧如同你在水下需要空气一样时,你就能获得智慧了。"

同样的道理,当你有了一个强烈真诚的愿望去克服你生活中的困难时,当你非常确信你一定能够做到时,当你坚信这就是你要走的路时,成功和胜利就一定会出现在你眼前。

如果你真的想获得心灵的平静,你就会得到。不管你遭遇了怎样不公正的对待,或是老板怎样地不讲理,或是你碰上了一个多么卑鄙的恶棍,这对你来说都无所谓,因为你知道你的心灵和精神力量之所在。你知道你想要什么,你不会让仇恨、愤怒、恶意等思想掠去你的安宁、和睦、健康和幸福。

一旦你的思想和你的人生目的相一致并成为一种习惯时,你就不会让别人或意外事件搞得心烦意乱。你的人生目的就是过平和、健康、和谐富足的生活。感受一下生命之河在你身上安静地流淌。你的思想是非物质形式的,是看不见的力量,你可以让它来祝福你,激励你,保佑你。

如果你非常渴望改掉一个糟糕的具有破坏性的坏习惯,你就已经取得了51%的成功。当你改掉坏习惯的愿望要强于你继续下去的需求时,你就会惊喜地发现,原来离完全的自由只有一步之遥。

如果你想在工作中升职,那么就想象一下你的老板或爱人祝贺你高升的画面,把那画面想象得生动而真实,要听得到声音,看得见他们的动作,要感受得到画面的真实性。经常这样想,你最终会体验到实现画面的欢乐。

## 为何他得不到治愈

艾伦是一家大的课本经销商的现场销售代表。他结婚了,有四个孩子，但在外面跑生意的时候，他跟另一个女人产生了恋情。他来见我的时候，很紧张很暴躁。他说晚上没有安眠药就睡不着觉。他有高血压，而且感觉身体里面疼，但是医生诊断不出病因，也没法给他治。更糟糕的是，他还经常酗酒。

我们很快就发现，所有的这些病因都是他内心的负疚感造成的，忠实于伴侣的信条从小就在他的潜意识里扎下了根，他知道不能违背婚姻的誓言，但是他却在不停地触犯誓言，这使他感到不安。他想通过酗酒来消除内心的负罪感，但并没有用。就像有的人服用吗啡或可卡因来镇痛一样，他用酒精来镇心理上的痛，但这无疑是火上浇油。

## 解释与治疗

我向他解释了我们的意识是如何发挥作用的。听完我的解释，他终于开始正视困难，认真考虑之下，决定放弃跟那个女人的关系。他也认识到，酗酒只是一种下意识的逃避努力。只有根除潜意识中的隐患，他的病才能治愈。

每天 3 次，他用祈祷的方式，给潜意识留下新的印记：

我的心中充满了平和及镇静。命运之神安静地微笑着站在我身旁，过去、现在和将来都没有什么能让我惧怕。潜意识的无限智能在我生活的方方面面都指引我。

现在，我用虔诚、镇静、平和、自信的态度面对一切。我完全改掉了旧习惯。我心中充满内在的平和、自由和快乐。我宽恕了自己。平和、清新和自信主宰着我。

当他这样重复祈祷时，他很清楚自己在做什么，以及为什么要这样做。他知道这样做能带给他信仰和自信。我告诉他，当他缓慢而意味深长地说出这些话的时候，只要心怀爱意，这些话就会逐渐进入到他的潜意识中去，像种子一样在他心里生根发芽。他能听到自己的声音，这些话在他的潜意识中，取代了那些消极的思想模式，他会逐渐被治愈。光明终将驱散黑暗，那些建设性的思想消灭了消极的思想。一个月后，他就完全变了一个人。

## 不愿承认错误是不良习惯

如果你是个酒鬼或瘾君子，首先要承认这个事实。不要回避问题，许多人改不掉酗酒的习惯，是因为他们不愿承认自己酗酒。

你的毛病是一种不稳定的因素，是一种内在的恐惧。你拒绝面对生活，想通过酗酒来逃避责任。作为一个酒鬼，你实际上没有自由意志，尽管你认为你有，你甚至还夸耀你的意志力有多强。

如果你已经嗜酒成性，还大胆地断言："我再不碰酒瓶子了。"其实你根本没有能力实现自己的诺言，因为你根本就不知道把意志力用在哪里。

你住在自己造的心理"监狱"里，你被自己的信仰、观点、教育和环境限制着。像大多数人一样，你成了习惯的奴隶，你习惯于按照既有的思维方式做出反应。

## 建立自由的思想

你可以在你的思维模式中建立起自由的思想，让内心宁静，并让这种思想不断地影响你的潜意识。潜意识是万能的，它会让你从嗜酒的习惯中解脱出来。做到这一点，你就会重新认识到你的意识是如何发挥作用的。你会发现自身无穷的力量，这种力量能够支撑你，向你展示真善美。

## 治愈了的51%

如果你非常渴望改掉一个糟糕的坏习惯,你就已经取得了51%的成功。当你改掉坏习惯的愿望要强于你继续下去的需求时,你就会惊喜地发现,原来自己离完全的自由只有一步之遥。

不管你想了什么,一旦记在了心上,心理作用就会让它成倍增强。如果你心里一直在想如何摆脱一种恶习,那么,让你心里充满自由的思想和宁静的心态,并将注意力集中到这个新方向上。这样做,你就会逐渐对这种自由和宁静的观念产生感情。当你对某种想法动了感情,潜意识就会接受这种想法,并将其在现实中表现出来。

## 替代法则

要记住,祸兮福之所伏。虽然你所受的一切苦难都会获得回报,然而,继续受难下去却是愚蠢的。

如果你继续酗酒,你的身心健康都会继续恶化。要相信你的潜意识可以帮助你。即使你患有忧郁症,你也可以通过想象来获得自由和快乐。

这就是替代法则。你的想象力曾把你带到了酒瓶跟前,现在,就让你的想象力把你带回到自由和安宁的心境中去吧。为了达到这个好的目的,你会再受一点苦。就像母亲生孩子的阵痛一样,你也会通过"阵痛"获得新的思想,潜意识会给你带来清醒和节制的新习惯。

## 酗酒的原因

酗酒的真正原因是消极的具有破坏性的思想。酗酒的人往往有深深的自卑感,失意感和受挫感,同时伴有强烈的内心敌意。他们酗酒可以有无数的借口,但实际上惟一的原因就是他们的思想在作怪。

## 神奇的三步走

第一步:让心情平静下来,忘掉一切。进入昏昏欲睡的状态。放松心情,平静下来,使自己更易接纳外物,准备进入第二步。

第二步:默诵几句容易记住的话,把他们当成催眠曲。为了防止走神,可以先大声读出来,或是心里默念的时候跟着不出声地对口型。这有助于让他们进入你的潜意识。读五分钟,你的内在情感就会有所反应。

第三步:睡觉之前,想象一个朋友或爱人在你面前,向你表示祝贺。闭上眼睛,此时你的心情是放松而平静的,就像你的朋友或爱人真的在你身边一样。

你看得到他们的微笑,听得到他们的声音。你能触摸到他们的手,一切都很生动真实。"祝贺你"这句话代表着完全的自由,你一遍又一遍地倾听这句话,直到你的潜意识能做出满意的回应。

## 坚持

当恐惧来敲你的心灵之门时,当焦虑和疑惑来侵扰你的心房时,要记住你的目标。想一下你潜意识里无限智能的力量,它能源源不断地产生思想和憧憬,给你信心、力量和勇气。不要停,坚持下去,直到黎明破晓,黑暗离去。

　　当你有了一个强烈真诚的愿望去克服你生活中的困难时;当你非常确信你一定能够做到时;当你坚信这就是你要走的路时,成功和胜利就一定会出现在你眼前。

**要点回顾：**

1. 答案就在问题本身。每个问题都会有答案的，只要你满怀信心，无限智能就会对你的请求做出回应。

2. 习惯是潜意识的功能。生活中没有什么能像习惯那样证实潜意识的神奇，是你的习惯造就了你。

3. 你不断地重复着某个想法或做某件事情，直到你的潜意识里留下了印记，并会自动地回应，此时，你的潜意识里的习惯模式就形成了。

4. 你有选择的自由。你可以选择好习惯也可以选择坏习惯。祈祷和沉思是好习惯。

5. 不管你的意识里有什么样的画面，只要你深信它，你的潜意识就会让这些画面成为现实。

6. 你成功道路上的惟一障碍就是你自己的思想或想象。

7. 当你走神的时候，将注意力拉回到对你目标的深思上来，这被称为心理训练。

8. 你的意识就是一部相机，而你的潜意识是感光底片，你会在上面留下画面。

9. 若你觉得诸事不顺，像是有鬼魂跟着你似的，表明你心中在不断地重复着某种恐惧的思想。要知道，不管你做什么，都会有一个结局。想象一个美好的结局吧，并坚信一定会是这样的。这就是赶走鬼魂的办法。

10. 要养成新习惯，你首先必须渴望这样做。当你改掉旧习惯的渴望比继续下去的欲望强烈时，你就已经成功了51%。

11. 别人的话能够伤害你的惟一方式就是通过你的思想和心理。记住你的生活目的：过平静、和谐、快乐的生活。你是你世界里的惟一思考者，惟一主宰。

12. 酗酒是一种无意识的逃避行为。治愈的方法是去想象自由、清醒、节制和完美，去感受成功带来的快乐。

13. 许多人戒不掉酒是因为他们不愿承认自己有酗酒的习惯。

14. 潜意识法则是：它可以束缚你也可以给你自由，这取决于你怎样利用它。

15. 你的想象力曾把你带到酒杯前，现在就让它把你带回到自由中去吧。

16. 酗酒的真正原因是心中有消极的极具破坏性的思想。一个人的想法是怎样的，他的为人就会是怎样。

17. 当恐惧来敲你的心灵之门时，请世间的所有美好和我们对生活的虔诚去开门吧。

# 第十九章　运用潜意识消除恐惧心理

一个人面临的最大敌人就是恐惧。恐惧能导致失败,疾病,使人际关系恶化。成千上万的人害怕过去,害怕未来,害怕衰老,害怕精神失常,害怕死亡。但恐惧只是你心里的一个想法,令你感到害怕的只是你自己的思想。

以前我有个学生,他被邀请到本系的年终宴会上发言。他告诉我,只要一想到要在1000多人面前讲话,他就吓得直哆嗦,因为那些听众中有很多人是该领域的权威。为了克服恐惧情绪,每天晚上,他都在椅子上安静地坐5分钟,缓慢、平静、满怀信心地对自己说:

我能够控制住恐惧心理。我现在正在克服它。我演讲的时候很沉着,很自信,我的心情很放松。

潜意识法则开始在他身上起作用。在演讲之前,他终于克服了恐惧,最终演讲非常成功。

潜意识很容易受到暗示的影响,它被暗示"控制着"。当你放松心情,让心静下来的时候,你意识中的思想就会渗透到你的潜意识中去。这与自然界的渗透原理是一样的,被有孔的薄膜分开的液体可以通过渗透混合到一起。一旦这些积极的思想渗透到你的潜意识里,他们会犹如种子一般发芽结果,你会因此镇静下来。

## 我们最大的敌人

一个人面临的最大敌人就是恐惧。恐惧能导致失败,疾病,使人际关系恶化。成千上万的人害怕过去,害怕未来,害怕衰老,害怕精神失常,害怕死亡。但恐惧只是你心里的一个想法,令你感到害怕的只是你自己的思想。

如果你告诉一个小男孩,他床底下有个恶魔,晚上睡觉的时候会把他带走,小男孩可能会被吓坏。但当小男孩的父母打开灯,让他看看并没有什么恶魔时,他就不再害怕了。恶魔本来并不存在,但小男孩以为它真的存在,所以他才被吓坏了。当他看到他想象的其实并不存在时,他就不再害怕了。同样的道理,大多数人害怕的东西其实只是他们心中许多可怕阴影的集合,而阴影的本体是不存在的。

## 做你怕做的事

19 世纪伟大的哲学家和诗人爱默生曾说过:"做你怕做的事情,恐惧就肯定会消失。"

曾经有段时间,我一想到要站在众人面前讲话,就会感到一种难言的恐惧感。如果我当时屈服于那可怕的恐惧,那现在你就读不到这本书了，我也肯定不可能跟别人分享潜意识是如何发挥作用的了。

我克服恐惧的方法就是照着爱默生说的去做。虽然心里吓得直哆嗦，但我还是站到了观众面前，并发表了讲演。我慢慢不那么害怕了，再到后来，我就能很自如地发表讲演了，甚至开始期待在观众面前讲话。我做了我害怕的事，恐惧就消失了。

当你积极主动地宣称要战胜恐惧时，心中下定了的决心就会释放你潜意识的能量，潜意识就会对你所想的做出回应。

## 消除怯场心理

茱蒂住在宾夕法尼亚的城郊，是一位家庭妇女，她会在瓷器上画花卉，技艺精湛。许多朋友的家里都摆放着她制作的艺术品，她为此感到自豪。当她女儿的老师邀请她到学校给小朋友们讲一下这项爱好时，她却拒绝了，因为她对在众人面前讲话怀有极大的恐惧心理，即使是在一个8岁小孩的班级里讲话她都感到害怕。后来她读到了我写的关于如何克服恐惧的书，于是决定照着书中所写的做。

每天早晨醒来后，每天晚上睡觉前，她都会放松心情，在心中不断默念并深思下面的话：

我是个有天分的艺术家，我可以跟别人分享我的手艺，这样别人可以欣赏到我的艺术，甚至能从中学到东西。在众人面前谈论艺术，我并不害怕。我将会跟我女儿班上的小朋友讲这门艺术，然后我也会跟别人继续讲。

几个月后，她来到了她女儿的学校，向那些小朋友展示了她的部分作品，并详细描述了这些作品的制作过程。她写信告诉我说，不光孩子和老师很感谢她，别班的老师们也热情邀请她去讲课。从那以后，茱蒂再也不怯场了，她还加入了演讲俱乐部，跟俱乐部的成员相互交流学习，定期发表讲演，以提高演讲水平，增加演讲时的信心。

如果你也遇到了相同的情况，那么真诚地，自信地面对它吧，恐惧感一定会消失的。

## 对失败的恐惧

附近一所大学的一些同学经常来找我。一个同学跟我抱怨说，他们很多同学在考试的时候都会患上"暗示性失忆症"。他们的情况大概一样："考试之前我复习得很好，什么都知道，考完我也能记起所有的答案，可就是一坐在教室里，盯着空白考卷的时候，我大脑里也变得一片空白！"

我们中的许多人都有类似的经历。这可以由一条很重要的潜意识法则来解释：你会将你的注意力集中到你能意识到的想法上。在跟这些同学交流时，我发现，他们都将注意力集中到"我会失败"的想法上了，结果呢，潜意识就将失败变为了现实。对失败的恐惧带来的是对失败的体验，这就是"暗示性失忆症"。

一位名叫希拉的医学生是班上最聪明的几个学生中的一位，但当参加笔试或面试的时候，她发现自己连最简单的问题都不知道怎么答了。我跟她解释了一下这其中的原因。考试前几天，她一直在担心考不好。消极的思想慢慢地让她变得害怕起来。

强大的恐惧感会进入到潜意识中。显然，她在要求自己的潜意识看到失败的情景，而这正是潜意识做到的。

后来，希拉通过学习认识到，潜意识就是一座记忆的仓库，它能准确地记录她在接受医学培训时所见所闻。另外，她也认识到，潜意识对意识是有所回应的，与潜意识保持和谐一致的惟一办法，就是放松自己的心情,让心里变得平静、自信。

于是,每天早晚两次,希拉开始想象以下画面:她的父母祝贺她取得了很好的分数,她手里还拿着他们写的祝贺信。当她沉浸在这一美好的结局里时,她的身上就出现了相应的反应。

在这种思想的不断刺激下,无所不能的潜意识开始发挥作用了。潜意识相应地调整了意识里的想法。希拉想象出了美好的结局,潜意识就会通过各种手段来实现这种结果。在随后的考试中,她再也没有遇到什么麻烦。她潜意识里的主观智慧占了上风,"迫使"她更好地更充分地表现自己。

## 对水的恐惧

我10岁的时候,有一次不小心掉进了游泳池。由于从来没学过游泳,所以即使我挥舞着胳膊,却还是感觉到自己在一个劲地往下沉。我想喘口气,但嘴里全是水。在最后一刻,终于有个男孩发现我落水了,他跳进来把我拉了上去。那种被黑色的水包围的恐惧感,我现在都还记得。这段记忆根植到了我的潜意识中,结果就是,很多年来我一直都怕水。

后来,我跟一位年长的充满智慧的心理学家谈起了这种不合情理的对水的恐惧感。

"再到游泳池里去看看吧,"他跟我说,"看一看水,它只是一种化学物质,由两个氢原子和一个氧原子组成。它没有意志,也没有意识,但是你却两样都有!"

我点点头,不知道他接下来要说什么。

"一旦你明白了水实际上是被动的,"他接着说,"就使劲大声地喊:我要控制住你!我要用我思想的力量来征服你!然后就下水去学习游泳吧,用你内心的力量去征服水。"

我照着他说的做了。当我心中有了新的态度时,万能的潜意识就会做出回应,它会给我力量、信仰和信心。潜意识让我克服了恐惧,征服了水。现在,我每天早晨都会去游泳,既锻炼身体,也是一种娱乐。不要让水奴役住你。请记住,你才是水的主人。

## 克服恐惧的技巧

这里有个克服恐惧的方法,我曾经在讲台上把它教给成千上万的学生。这个方法就像个魔术,试试吧!

假设你害怕游泳,那么,每天静坐三次或四次,每次五分钟到十分钟。静坐时,让你自己进入一种完全放松的状态。然后设想,你正在游泳。主观上讲,你确实是在游泳。你在心理上让自己进入到水中去了。你能感受到水的清凉,能感受到你四肢的动作。在你脑海中,这一切都很真实很生动。

这并不是慵懒的白日梦。你想象出的这些经历会在你的潜意识中成型。你的潜意识一旦接受,就会强迫你去实现心中的幻想和画面。当你再次尝试游泳的时候,你心中便会充满快乐。这就是潜意识的规律。

你也可以用同样的方法来克服你怕这怕那的心理。如果你有恐高症,那就想象着你在高山上漫步。要感受到这一切的真实性,想象自己正呼吸着清新的空气,欣赏着高山上的花朵,观赏着美丽的风光,心旷神怡。坚持在心中想象这些情景,你就会真正地享受到这种感觉。

## 他为电梯祈祷

乔纳森是一家大公司的经理。很多年来,他都害怕坐电梯。每天早晨上班的时候,他宁愿从楼梯爬上七楼的办公室。如果他需要见别的公司的人,而那些人的办公室又在很高的楼层上的话,他总是找理由让对方到自己的办公室来，或到饭店去谈生意。而出差对他来说简直就是一种折磨，他每次都得提前给旅馆打电话，确保他的房间在低一点的楼层上，让他可以爬楼梯上楼。

这种恐惧是由他的潜意识造成的，或许因为他曾有过什么不愉快的经历，但现在已经忘了。当他意识到这一点时，他立马下决心要改善这一情况。他每天都做几次关于电梯的祈祷。在镇静自信的情绪中，他这样祈祷：

在我们公司里安装电梯是再好不过的设计了，对我们所有员工来说都是一个恩典，它提供了很棒的服务。乘坐电梯时，我感到安全和快乐。现在，生命的河流，爱和理解之河流正在我身上流淌，我依旧保持着沉默安静。

现在我正在乘坐电梯，我已步出电梯走进了办公室。电梯里都是我的职员，他们都很友好，很快乐，我们自由地交谈着。这种感觉真好，我感到了轻松和自信，我感谢电梯。

他这样祈祷了 10 天。第 11 天，他跟公司的其他员工一起步入了电梯，他心里不再害怕了，非常轻松。

潜意识很容易受到暗示的影响，它被暗示"控制着"。当你放松心情，让心里安静下来的时候，你意识中的思想就会渗透到你的潜意识中去。这与自然界的渗透原理是一样的，被有孔的薄膜分开的液体可以通过渗透混合到一起。当这些积极的思想渗透到你的潜意识里时，他们会犹如种子一般发芽结果，你会因此变得镇静下来。

当你异常恐惧时，请立刻把注意力集中到你所渴求的事情上，沉浸在对你所渴求的场景的想象中。要相信，主观的意志一定会打败客观的事物，这种态度会给你自信，令你振奋。你潜意识中的无限智能一直在跟着你前进，它不会令你失望的，你一定会得到安宁和信心。

当恐惧来敲你的心灵之门时,当焦虑和疑惑来侵扰你的心房时,要记住你的目标。想一下你潜意识里无限智能的力量,它能源源不断地产生思想和憧憬,给你信心、力量和勇气。不要停,坚持下去,直到黎明破晓,黑暗离去。

## 正常的恐惧

人生下来时,天生有两种恐惧:害怕从高处跌落,害怕突然的噪音。这非常正常。这是一个天生的预警系统,它能保护你不受伤害。

正常的恐惧是有益的。当你听到一辆摩托车呼啸而来时,你会立马躲开,以免被它撞了。随着你躲开的动作,这种怕被撞到的暂时的恐惧会很快消失。

还有一些是不正常的恐惧。它们源于过去的特殊经历,我们可能在很小的时候,受父母、亲戚、老师或其他的影响,产生了恐惧心理。

## 不正常的恐惧

不正常的恐惧是由胡思乱想造成的。我认识一位妇人,她应邀乘飞机环游世界。这时候,她就开始收集报纸上所有与飞机失事有关的新闻,她甚至还买了一个光碟,讲的是《世界上最惨重的空难》。她总是想象自己掉进了大海里,快被淹死了。这就是不正常的恐惧心理。如果她真要坚持这么想,她最终就会招来她最怕的结局。

还有个例子与一名商人有关。他在纽约工作,事业很成功,也很有钱,但是他不断地幻想自己破产了,口袋空空,债台高筑,他越这样想,就越发变得悲观消沉。他无法停止这种病态的想象,还不断地跟妻子唠叨:"我的生意长不了了,说不定哪一天就会破产的,没希望了,我们要破产了。"

他妻子告诉我,最后他真的破产了。所有他曾幻想的事情都发生了。其实他所想象的事情根本就不存在,是他的恐惧和对灾难的期待招来了破产的结果。

世界上有很多人,他们害怕不幸会降临到他们的孩子身上,害怕一些可怕的灾难降临到他们自己身上。当他们听到一种罕见的病开始蔓延的报道时,他们就害怕自己也会患上这种病,有的人甚至想象自己已经得上了这种病。所有这些,都属于不正常的恐惧。

## 如何克服不正常的恐惧

当恐惧感出现的时候,立刻朝相反的方向思考。如果你一直生活在极度恐惧中,你便会停滞不前,身心受伤。感到害怕时,你可以运用潜意识的一条基本法则,立刻去想让你愉快的事情。

将注意力集中到美好的期待上,沉浸在美妙的想象中。这种信念会给你信心,让你振奋。潜意识会帮助你前行,它不会让你失望,你会得到平和与自信。

## 正视恐惧

一家跨国公司的销售经理曾经向我坦言,他刚开始做销售的时候,得绕着街区转上五六圈,才有勇气去敲客户家的门。

他当时的上司很有经验也很有主见,一天,这位上司跟他说:"不要害怕门后有鬼,门后哪有什么鬼啊,你是被你自己错误的想法吓着了。"

上司还对他说,感到害怕的时候,要勇敢地面对恐惧,盯着它看,直视它的眼睛,那时,恐惧自然就会慢慢败退消失。

## 走出恐惧的丛林

约翰曾经是美国军队的一名牧师。他告诉我说,第二次世界大战的时候,他乘坐的飞机被敌军击落,他跳伞落到了新几内亚高山的丛林里。他当时害怕极了。但是他知道,恐惧有两种,正常的恐惧感和不正常的恐惧感。此时,试图控制住他的,正是那一种不正常的恐惧感。

他决定立刻消除这种恐惧心理,于是他对自己说:"约翰,你不能向恐惧投降,你所渴望的是安全获救,你会有出路的。"

他站在一条小路上,让自己的呼吸平静下来。当他感到放松下来的时候,他便开始祈祷了:"无限智能啊,你将飞机引到了这条路上来,现在,你将引导我走出丛林,让我安全获救。"他这样大声地对自己喊了十多分钟。

"突然,"约翰跟我讲,"我感到心里面被什么东西叮了我一下,那就是信念。我被一种力量带领到了小路的另一头,在那儿有一条道路,我就开始沿着那条路走,走了两天后,我奇迹般地看到了一个小村庄,村里的人很友好,他们给我吃的,最后把我带出了丛林。最终,我被一架救援飞机接走了。"

约翰及时调整了心理状态,他的信念救了他,这是他对主观智慧认同的结果。

约翰补充说:"如果我当时抱怨自己的命运,沉湎于恐惧的情绪中,我会屈从于死亡般的恐惧,也许我就会真的死于饥饿和恐慌。"

## 他把自己给解雇了

拉斐尔是一家大公司的经理。他告诉我,三年来他一直害怕丢掉工作,他总是幻想失败。他一直想象他的下属会得到提拔,升到比他高的职位上。他害怕的事情实际上并不存在,只不过是他的病态心理在作怪。他对丢掉职位那种栩栩如生的想象,使他变得神经兮兮,工作效率日益低下,最后,公司不得不要求他辞职。

实际上是拉斐尔自己解雇了自己。在他经常性的负面想象和恐惧的暗示下,他的潜意识产生了回应,这让他经常做出一些愚蠢的决定,这些错误决定导致了他的失败。如果他能及时纠正自己的思维方向,或许就不会丢掉职位。

## 他们想陷害他

在一次全球巡讲中,我同所访问国家的一位高级政府官员进行了两个小时的谈话。他的神态十分安详平和。他说,来自反对派报纸杂志上的政治攻击从未能让他不安。他的做法是,每天早晨静坐 15 分钟,确信自己的内心犹如平静的深海一样。这种沉思方式给了他无穷的力量,让他克服了种种困难和恐惧。

几个月前,他的一位同事在深夜里打来电话,声音中充满了惊恐,说这个国家的一伙政见不同的武装组织想密谋武力推翻他的政府。

他回答同事说:"我现在要安静地睡觉了,我们明天早晨十点再讨论这件事吧。"

他跟我解释说:"我知道,如果我在心理上和情感上不接受消极思想的话,这些思想就不会被放大。我不会让自己产生恐惧的心理暗示,不经我的许可,任何东西都不会伤害到我。"

请注意,他是多么沉着,多么酷,心态多么平稳! 他并没有变得暴躁,没有去扯头发,或拧手指。他在内心世界里找到了一泓静水,一份安宁和镇静。

## 抛弃所有的恐惧

《圣经》中提到了消除恐惧的绝妙药方:

我曾寻求耶和华,他就应允我,
救我脱离了一切的恐惧。①

"上帝"一词在古文中是"规律"或者"法则"的意思,也就是指你潜意识法则的力量。了解潜意识的奇妙功能,知道它是如何发挥作用的,掌握这一章中介绍的技巧,从现在就开始练习吧! 你的潜意识会回应你,让你彻底摆脱恐惧。

伟大的替代法则是战胜恐惧的最好武器。不管你怕什么,你都能在你所渴盼的事物中找到解决方法。你生病时,会渴盼健康。你在牢狱里时,会渴盼自由。期待美好的,关注美好的,你的潜意识就会回应你,绝不会令你失望。

----

① 《圣经·诗篇 34:4》。

**要点回顾：**

1. 做你怕做的事情，恐惧就一定会消失。如果你满怀信心地对自己说"我要战胜恐惧"，你就一定能做到。

2. 恐惧是你心里的消极思想。用建设性的思想来取代它吧。恐惧感已经害死了数百万人，自信的力量要比恐惧强大。没有什么力量会比对美好事物的信仰更强大。

3. 恐惧感是一个人最大的敌人。它能带来失败，疾病及糟糕的人际关系。爱能驱散恐惧。爱是对生命中美好事物所怀有的感情。爱上诚实、正直、善意和成功吧。生活在对最美好事物的快乐的憧憬中，那些美好的事物就一定会成为现实。

4. 用相反的思维方式对抗恐惧心理，例如，"我唱得很动听；我很潇洒；我内心宁静"，你得到的回报将妙不可言。

5. 考试时的"暗示性失忆症"是由恐惧心理造成的。克服的办法是经常性地自我肯定："我能记牢我需要知道的知识。"想象一个朋友来祝贺你考试成功。坚持下去，你就会成功。

6. 如果你害怕涉水，那就去游泳吧。想象你自由自在快乐游泳的情景，全身心地融入水中，感受着水里的丝丝凉意，让这种感觉生动具体。当你主观上这样想时，你就会觉得一定要去学游泳，也就能真的征服水。这就是意识的规律。

7. 如果你害怕像电梯这样的封闭空间，那就想象着自己在乘坐电梯，同时真诚地做与电梯有关的祈祷。你会惊喜地发现恐惧消失得有多么快。

8. 天生的恐惧只有两种:怕跌落,怕噪音。其他所有的恐惧都是后天的,消灭它们吧。

9. 正常的恐惧感是有益的。不正常的恐惧感能带来破坏性的结果。一直沉湎于害怕的思想中,会产生不正常的恐惧,产生变态心理。对某事的长期担忧会引起惊惧心理。

10. 当你知道潜意识的力量能够改变你的处境,能让你心中美好的愿望实现时,你就能克服不正常的恐惧。将你的精力和注意力集中到与恐惧相反的思索上去,集中到你所期望的事情上去,爱能消除恐惧。

11. 如果你害怕失败,就去关注成功。如果你害怕生病,就去思考健康。如果你害怕意外事故,就去思索命运的引领和保护。如果你害怕死亡,就去想象永生。

12. 伟大的替代法则是战胜恐惧的最好武器。不管你怕什么,你都能在你所渴盼的事物中找到解决方法。你生病时,会渴盼健康。你在牢狱里时,会渴盼自由。期待美好的,关注美好的,你的潜意识就会回应你,绝不会令你失望。

13. 你害怕的事情并不存在,你怕的只是你自己的想法。思想是有创造性的。往好的方面想,结局就会是好的。

14. 正视你的恐惧,对它进行分析,学会嘲笑它。这是良药。只有你自己的思想才能烦扰你。别人的暗示、恐吓、威胁对你都是不起作用的。力量存在于你的内心,当你想象着美好的思想时,命运便会赐予你美好的结局。

15. 创造性的力量只有一种,它与和谐同在,它没有纷争。爱是它的源泉,上苍的力量会保佑你。

# 第二十章　如何在思想上永葆青春

ᔆ

你的潜意识永远不会老。

它不受时间和空间的限制。

它无生无死，是永恒之灵的一部分。

　　疲惫和衰老都不会影响精神的力量。忍耐、善良、诚实、谦卑、和谐、安详以及兄弟之爱等等，这些品质都不会衰老。如果你能在生命中不断发扬这些优良品质，你的精神就会永葆青春。

　　年龄不是导致人衰老的惟一原因。影响我们身心健康的，往往不是时间本身，而是我们对时间的恐惧。实际上，这种神经质的恐惧感很可能导致未老先衰。

　　在多年的工作中，我有机会研究一些名人的传记。我发现，他们直到晚年都很活跃，成就卓著，他们的年龄也远远超出了正常出成就的年龄段，甚至有一些人，到了晚年才开始出成果。我也有机会认识许多不知名的普通人，他们的生存空间有限，但是他们也证明着同样的道理：年龄本身并不能破坏我们身心所具备的创造力。

## 他在思想里变老了

几年前,我去英国伦敦拜访一个老朋友。他已经80岁了。对许多人来说,这都是件高兴事儿,但他自己却不这么认为。见到他时,我大吃了一惊。他看起来很虚弱,像得了什么病,虽然他跟我说医生在他身上找不出一点毛病。

"医生都是笨蛋,"他说,"我知道病根在哪,病根就是我还活着。"

我问他是什么意思。

"没有人再需要我了,没有人还想让我再活着了,"他悲伤地说,"他们这样并没有什么不对。我现在对谁都没用了。我们出生,长大,变老,然后死去,这就是生命的结局。"

从某方面来说,他对自己疾病的认识是正确的。他病了,但并不是因为生命本身,而是因为他对生命的看法。他感觉自己没用了,这个想法导致了他的疾病。遥望今后的人生,除了衰老,他什么都看不到。的确,他在精神上已经衰老了,他的潜意识也就照着他的这种思维习惯反映出他的现状。

## 年龄是智慧的黎明

不幸的是,许多人的生活态度,都和这位不快乐的老人一样。他们害怕听到"老了"、"这辈子到头了"、"可以去死了"之类的话,也就是说他们害怕再活下去。然而生命是永恒的,年龄并不仅仅代表岁月的流逝,它更象征着智慧的累积。

智慧能使人认识到潜意识中的巨大精神力量,学会怎样利用这些力量,去过一种幸福而有意义的生活。有人认为65岁、75岁或85岁就等同于生命的终点,要消除这样的想法。相反,它是最辉煌、最完满、最丰富的生活方式的开端,它比以往你经历的任何生活都要好。要相信这一点,并满怀希望。你的潜意识会让这变为现实。

## 欢迎变化

年纪大并不意味着人生的悲剧会来临。我们把年龄的这种渐变过程称作一种转变。它应该被高高兴兴地接受,这是人的生命通向永生的一个台阶。我们有着无穷的力量,可以超越体能的极限,我们还有着一些神奇的感受,可以超越我们感官感受的界限。

人的生命是属于精神的,是永恒的,我们从来都不会变老。生命能自我更新,是永恒的,坚不可摧的,所有人的生命都是这样的。

## 生命是何物

曾经有一位女士问爱迪生:"爱迪生先生,电是什么呢?"

爱迪生说:"女士,电就是电,您只管用它就行了。"

电只是一个称呼,我们用它来代表一种看不见的力量。虽然我们还不能完全理解这种力量,但我们可以努力学习它的运行原理和使用方法。我们可以在许多方面利用电能。

科学家无法用肉眼看到电子,但他们把它当做一个事实来接受,因为许多实验都能证实它的存在。我们无法看到生命,然而我们知道我们是活着的,生命就是生命,我们生来就是要展示生命的美好和荣耀。

## 思想和精神是永远不老的

有的人相信,一个人从出生,经过少年、青年、壮年到衰老,然后结束——这就是生命的一切。持有这种世俗的生命循环观的人实在是可悲。这样的人心里无依无靠,没有希望,没有眼界,对他们来说,生命是无意义的。

这样的信念只会带来消极迟钝、玩世不恭的态度,带来一种无望感,并引起各种各样的精神和心理上的失常现象。如果你不能像你的孩子那样敏捷地打网球、游泳了,如果你的动作慢了,步子迟缓了,你该怎么办? 请记住,生命总是在不断更新的。人们所称的死亡只不过是开启了通往另一个世界的新的旅程而已。

我对那些来听我讲演的人说,我们应该优雅地接受老去的事实。年龄自有它的长处。和平、仁爱、喜悦、美丽、幸福、智慧、善意和理解,这些美好的品质是永远不会变老或死去的。

诗人和哲学家爱默生曾说过:"当一个人对自己再也没有什么指望了时,我们就再也不必计算他的年龄了。"

你的性格、心理素质和信仰是不会衰老的。

## 你想着你有多年轻你就会有多年轻

一次,我在英国伦敦讲课。课后,当地一名外科医生对我说:"我今年84岁了,我每天上午动手术,下午看病人,晚上为一些医学或科学杂志写东西。"

他的生活态度是:他依然很有用,他如同他想得一样年轻。他接着说:"你说的是对的。人就是这样的,认为自己强壮就强壮,认为自己有价值就有价值。"

这位外科医生没有向年龄屈服,他认为自己是永生的。他说:"如果我明天过世了,我会到另一个世界为人们做手术,我不再用现在的手术刀,我进行的是精神上的手术。"

## 年龄是一笔财富

当机会来临时，不要怀着"我老了，干不了了"的思想走开，那样的想法会带来精神上的迟钝，并最终导致精神的死亡。如果你相信自己完了，你的潜意识就会接受这个想法，并让它变为现实。许多人才 30 岁，就已经老了，而有些人都 80 岁了，却还跟年轻人一样。人们的心灵就是生活的编织者、建筑师、艺术家、设计师或雕塑家。剧作家萧伯纳 90 岁时，创作还很活跃，对艺术性的追求也没有丝毫松懈。

我见到过一些人，他们抱怨说，有些老板听到他们已经 40 岁时，几乎要把他们推出门外，再咣当一下关上门。老板们的这种态度是缺乏智慧和人情味的。

谁规定你必须在 35 岁以下才能被录用呢？这背后的逻辑是肤浅无稽的。如果雇主们能停下来想一想，他们就会意识到，人们并不是在出售他们的白发或年龄，而是在奉献他们在生活中积累多年的经验、智慧和才华。

你的年龄对任何组织来说都应该是一笔难得的财富，因为它象征着你多年生活中与人打交道的经验，反映了你的善良和爱心。你的白发，如果有的话，代表着更多的智慧、技巧和对他人的理解。你在感情上和思想上的成熟对任何一个单位而言都是巨大的财富。

不管是 65 岁，还是其他任何一个特定的高龄，人都不应该站到生活的对立面去。这个年龄，正是善于处理人际关系，科学制定未来的计划和政策，在创造性领域有效指导别人的时候。因为时间已经赋予了他们洞察事物发展本质的经验。

## 你认为年龄有多大就有多大

"我知道该怎么写出好剧本!"一位好莱坞的剧本作家跟我说,"多少年来,我的剧本一直都是一流的。我知道自己的能力,也知道别人的能力,我能在世界各地的颁奖活动中拿奖。"

我不明白他的意思,于是问道:"这有什么不对么? 怎么了?"

他摊开双手说:"上次我去参加一个讲故事的大会,一位 30 岁的制片经理说我已经跟不上观众的节奏了。我试着争辩,他却告诉我,我写出的剧本不符合 12 岁到 18 岁之间的孩子的口味,他不想要这样的剧本。听他这么说,我只好走开。"

这真是个巨大的悲剧。大众怎么能够期待孩子们在情绪上和精神上达到成熟的状态呢? 他们并不了解自身的潜能。他们认为,他们要赞扬青春,尽管实际上年轻代表了缺乏生活经验,缺乏判别能力,决定仓促等等。

## 思想年轻才是真的年轻

我认识一些 60 多岁的人,他们把大把的时间花在体育活动上,想以此来保持年轻。他们吃时尚的药品,保持时尚的饮食习惯,把大把的钱花在健身器材上,这些健身器材的功能在晚间的电视购物节目中被吹得天花乱坠。有的人钱多点,就去做水疗,去吸脂,去作美容手术。他们不停地喊:"看,我能跟年轻人一样棒!"这么做其实是徒劳的。

控制饮食,多吃维生素,以及其他各种各样的活动并不能使这些人保持年轻。他们必须认识到,他们是变老了还是依旧年轻其实与他们的思想同步。你的潜意识是由思想决定的。如果你的思想一直停留在美丽、高尚的事物上,那么不管你年龄有多大,你都会在精神上永葆青春。

## 对变老的恐惧

许多人害怕年老。对于未来，他们心中没底，因为他们总是担心随着年岁的增大，精神和体力都会衰竭。他们怎样想，怎么感受，就会发生什么。

如果你不再对生活感兴趣，不再有梦想，不再追求知识和真理，不愿再去发掘可以征服的新天地，你就老了。如果你的心胸一直是敞开的，愿意接受新思想，寻求生活中新的乐趣；如果你能拉开心灵的窗帘，让宇宙和生活的真理之光照耀你的心房，给你启迪和激励，你就会永远年轻，永远充满活力。

## 你有很多可以奉献

不管你是 65 岁还是 95 岁，你都应该意识到你还有许多可以奉献。你可以指导年轻人，给他们建议，帮他们获得心灵上的平衡和安宁。你可以将你的知识、经验和智慧传授给他们。你可以一直向前看，因为你时时刻刻注视的都是永生。你会发现，你每时每刻都在展示着生命的荣耀和奇迹。每天都学习一些新的东西，你就会发现你的心永远年轻。

## 怀着喜悦变老

我在印度讲课的时候，有人引荐我拜见了一位 100 岁的老人。他的脸是我见到过的最美好的脸，我们可以从中看到他内心所散发出的光芒，他的眼睛里也流露着喜悦和美丽。我可以看得出，他一生过得很幸福，他一直怀着喜悦的心情，虽已年长，但心灵的光芒却从不曾黯淡。

## 退休是新的历险

永远不要让你的思想退休。心灵就像降落伞，如果不打开，是没有用处的。你要敞开你的心，接受新事物。我见过在 65 岁、70 岁时退休的一些人，他们看起来无精打采，没几个月，就去世了。很显然，他们觉得生命已经结束了，他们是这样想的，这就真的发生了。

退休可以是一场新的历险，一种新的挑战，是实现年轻时未竟梦想的开始。如果听到有人说："我已经退休了，现在还能干什么呢？"你会感到莫可名状的郁闷。他们实际上在说："我精神上和体力上都死了，我心里再没有什么新想法了。"

那些都是错误的想法。实际上，你 90 岁时可以比 60 岁时取得更大的成就，因为每一天，你都在学习，都在培养新兴趣，你的智慧日益增长，你对宇宙和生命的认识也一天比一天深刻。

不要说"我老了"，而要说"生活是神圣的，我是充满智慧的"。不要让新闻、统计数据或一些机构的话误导了你，他们说年长就意味着老朽、衰老和无用。不要相信他们所说的话，那是谎言。不要被那样的宣传迷惑了。相信生命，不要相信死亡。把你自己想象得快乐、成功、平和，焕发着光芒和力量。

优雅地接受我们所称的"年长"。年龄有属于自己的光辉。平和、爱、快乐、美丽、幸福、智慧、善意、理解等优良品质是永远不会变老或死去的。

退休可以是一场新的历险，一种新的挑战，是实现年轻时梦想的开始。

## 找到更好的工作

我有个朋友叫富兰克，他在 65 岁的时候被公司裁掉了，理由是公司需要重组，不得不裁员。但是他知道，公司裁掉他是因为他已经 65 岁了。

"他们这样歧视你的年龄，把你给害了，你恨他们么？打算起诉他们么？"我问他。

他无可奈何地笑了："我觉得我可以起诉他们，而且我猜我很可能赢他们，但我为什么要把时间精力花在这上面呢？并不是我丢掉了工作，而是他们失去了我的服务。"

停顿了一下，他接着说："我是这样看的，退休就如同我从幼儿园毕业进入到了一年级。"

"什么意思呢？"我问。

"嗯，比如吧，"他说，"当我从高中毕业的时候，我就又向上爬了一个台阶，去上大学。生活也是这样的，每向前一步，对生活的认识就提高一步。我的事业是一个台阶，或许是几个台阶，现在我自由啦，可以去做我一直梦想的事情了。换句话说，我解放了，同时也上了人生的一个新台阶。"

他得出了一个理智的结论，他不必再为生机而忙碌，而是可以考虑如何更好地享受生活。由于一直以来都是个满怀激情的业余摄影爱好者，所以退休后的他参加了培训班，学习摄影技术。之后，他开始环球旅行，每到一处都会拍下很多照片。他现在为不同的人群，社团和俱乐部讲课，广受欢迎。

你可以通过各种方法在你的周围环境中寻找到乐趣。你可以了解一些新观点，新想法，你可以不断学习，不断成长。这样，你的心态就会永远年轻，会永远渴求了解新事物，你的身体也会随着你的思想做出积极的反应。

## 要永远充满活力，不要被囚禁

法律禁止用人单位因年龄而歧视应聘者，这是一个进步，但是光靠法律并不能改变人们的思想。一些 65 岁的人在精神上、心理上、身体上都比 30 岁的人来得年轻，我们应该享受劳动的果实，人人都应该是社会的生产者，而不是社会的"囚犯"，因年龄大了而被迫无所事事。

随着年龄的增长，我们的体力会下降，但是在潜意识的启迪下，我们的思想会变得更加活跃。心是永远不会变老的。约伯说过：

"惟愿我的景况如从前的月份，

如神保守我的日子。

那时他的灯照在我头上，我藉他的光行过黑暗。"①

## 年轻的秘密

要想青春焕发，就要学着去感受你潜意识中神奇的、能自我更新的治疗力量，它会在你的全身流动。要确信并感受到生命的升华，你正越活越年轻，越来越有活力。你的精神已被唤醒，又被充满了"电"。你会抑制不住这种内心的喜悦和激情，你的心如同年轻时一样。你能这样感受，就意味着你时时刻刻都能在精神上和感情上获得你渴望已久的快乐。

照耀在你头上的光芒是神圣智能之光，它会向你展示你需要知道的一切。它能让你透过外表，感到自身的美好。你在潜意

① 《圣经·约伯记 29：2～3》。

识的引领下前行,因为你相信,黎明终会出现,黑暗终会离去。

## 要有远见

不要说"我老了",而要说"生活是神圣的,我是充满智慧的"。不要让新闻、统计数据或一些机构的话误导了你,他们说年长就意味着老朽无用。不要相信他们的话,那都是谎言。不要被那些宣传迷惑了。相信生命,不要相信死亡。把你自己想象得快乐、成功、平和,焕发着光芒和力量。

## 你的心不会变老

心脏手术的先驱者迈克·迪贝克(Michael DeBakey)在1932年发明了第一台血液驱动泵。在90岁高龄时,迪贝克博士得到批准,进行一项新的临床试验,将一个微小的泵安装到患有严重心脏病的病人胸腔内。迪贝克不满足于仅仅做科研,他还在手术台上继续忙碌。他的一位同事说:"别人要活五六次才能取得他所获得的成就。"

迪贝克在90岁的时候是这样总结他的人生哲学的:"只要我们还面临着挑战,只要我们在身体上和心理上还力所能及,生命就永远充满了活力和激情。"

## 你就像你认为和感受的那样年轻

我父亲65岁的时候开始学习法语,70岁的时候就熟练掌握了法语。他60多岁的时候开始研究盖尔人,后来成了这方面的专家,并且开始讲授这方面的知识。他帮助我妹妹上大学,直到他99岁去世。99岁时,他的思维还跟20岁时一样清晰。实际上,随着岁数的增大,他的逻辑思维能力变得愈加敏锐。的确,你就像你认为和感受的那样年轻。

## 社会需要老年公民

罗马著名爱国人士玛尔库斯·波尔奇乌斯·加图80岁时开始学习希腊语。德籍美国人,女低音歌手欧内斯廷·舒曼-海因克成了祖母以后才迎来了她艺术的巅峰。

希腊哲学家苏格拉底80岁时开始学习乐器。米开朗基罗80岁的时候还在创造他最辉煌的壁画。西蒙尼斯80岁的时候诗歌获奖。德国作家歌德80岁时完成了他的诗剧《浮士德》。奥利伯德·冯·兰科80岁时开始写作,92岁时完成了他的《世界历史》一书。

阿尔弗雷德·坦尼森在83岁时完成了壮丽的诗篇《死亡》。艾萨克·牛顿85岁时还在努力工作。约翰·韦斯利88岁时还在布道,指导理公会。

法国阿尔勒的詹妮·路易·卡门并不像前面那些人一样有名。她年轻的时候,曾经见过著名的画家文森特·梵高,但这件事并没有引起过大家的注意。直到她过100岁生日时,她身边的人才开始注意她。而对她来说,过100岁生日只是意味着不能再每天都骑自行车罢了。

卡门过110岁生日的时候,她收到了来自世界各地的祝贺。她过118岁生日时,成了人类历史上有记录的最长寿的人。当人们问她怎么才能这么长寿时,她说:"我经常给自己找乐子,我做事很讲原则,做什么都对得起自己的良心,不会后悔。我确实很幸运。"当她122岁的时候,她脸上的笑容依旧焕发着光彩,依旧是那样地富有感染力。

让我们重视我们的老年公民吧,给他们机会,他们能开出天堂般的花朵。

## 老年的果实

他的肉要比孩童的肉更嫩,他就返老还童。①

老年就意味着要从更高层次上去思索真理,要意识到你一直行走在永生中,你会经过不同的重要台阶,在无际的生命之洋中不知疲惫地遨游。你会跟着赞美诗作者说:

他们年老的时候仍要结果子,
要满了汁浆而常发青。②

圣灵所结的果子,就是仁爱、喜乐、和平、忍耐、恩慈、良善、信实、温柔、节制。③

你是永恒生命的儿女,你是永生的。

---

① 《圣经·约伯记 33:25》。
② 《圣经·诗篇 92:14》。
③ 《圣经·加拉太书 5:22~23》。

**要点回顾:**

1. 忍耐、善良、爱、善意、快乐、幸福、智慧、理解,这些品质永远不会变老。培养这些品质,表现这些品质,让身心永葆青春。

2. 对时间效应的神经质般的恐惧,会导致早衰。

3. 年龄不是时间的飞驰,而是你心中智慧的累积。

4. 65 岁到 95 岁,可以是你一生中最富成果的年龄。

5. 要满怀喜悦地接受年龄的增长,这意味着你正走向生命的更高层次,生命是没有终点的。

6. 生命是自我更新的,是永恒的,是坚不可摧的,所有人的生命都是这样的。

7. 你看不见你的思想,但是你知道你有思想。你看不见精神,但是你知道比赛的精神、艺术家的精神、音乐家的精神、演说家的精神是真实存在的。同样的,善意、真理和美丽的精神也在你的思想中流动。你看不到生命,但是你知道你是活着的。

8. 老年可以看作是在更高层次上追求真理。老年的喜悦比年轻人的喜悦更大。你的思想和精神更加"健壮"。自然使你的身体慢了下来,这样你可以有更多机会去思索命运的事情。

9. 如果一个人对自己已经没有什么指望了,我们就不必再计算他的年龄了,他的生命到那时已经终止了。你的信仰是不会衰老的。

10. 你如你想象般的年轻,你如你想象般的强壮,你如你想象般的有价值。

11. 你的白发堪比财富,你出售的不是你的白发,而是你多年来积累的经验和才华。

12. 膳食和昂贵的药丸并不能让你保持年轻。你所想的你是怎样的,你就是怎样的。

13. 对年龄的恐惧可以引起身体上和精神上的衰老。

14. 如果你不再有梦想,对生活不再感兴趣时,你就真的老了。如果你易怒,性格乖戾,爱争吵,你就真的老了。让你的思想装满真理,让它散发出爱的光芒——这就是青春。

15. 向前看,因为你一生都在追寻永生。

16. 退休是一种新的历险。学习新知识、培养新兴趣,去做你一直想做却因忙于生计而没有时间去做的事。现在你可以好好享受生活了。

17. 成为社会的生产者,而不是社会的"囚犯"。不要掩藏你的才华。

18. 年轻的秘密是爱、快乐、内心的宁静和笑声。

19. 别人是需要你的。许多伟大的哲学家、艺术家、科学家、作家都是在 80 多岁的时候才完成伟大的著作。

20. 老年的果实就是爱、快乐、平和、忍耐、温和、善良、信仰、温顺和节制。

21. 你是永恒生命的儿女,你是永生的,你是大自然绝妙的创造。